René Guénon

Los Principios del Cálculo Infinitesimal

OMNIA VERITAS

René Guénon
(1886-1951)

Los Principios del Cálculo Infinitesimal
1946

Título original: "*Les Principes du Calcul infinitésimal*"

Primera publicación en 1946 - Paris, Gallimard

Publicado por
OMNIA VERITAS LTD

www.omnia-veritas.com

PREFACIO 7

CAPÍTULO I 16
- Infinito e indefinido 16

CAPÍTULO II 29
- La contradicción del «número infinito» 29

CAPÍTULO III 35
- La multitud innumerable 35

CAPÍTULO IV 44
- La media del continuo 44

CAPÍTULO V 53
- Cuestiones planteadas por el método infinitesimal 53

CAPÍTULO VI 60
- Las «ficciones bien fundadas» 60

CAPÍTULO VII 69
- Los «grados de infinitud» 69

CAPÍTULO VIII 78
- «División al infinito» o divisibilidad indefinida 78

CAPÍTULO IX 89
- Indefinidamente creciente e indefinidamente decreciente 89

CAPÍTULO X 98
- Infinito y continuo 98

CAPÍTULO XI 104
- La «ley de continuidad» 104

CAPÍTULO XII 112
- La noción del límite 112

CAPÍTULO XIII 119
- Continuidad y paso al límite 119

CAPÍTULO XIV 125
Las «cantidades evanescentes» 125
CAPÍTULO XV 133
Cero no es un número 133
CAPÍTULO XVI 142
La notación de los números negativos 142
CAPÍTULO XVII 152
Representación del equilibrio de las fuerzas 152
CAPÍTULO XVIII 159
Cantidades variables y cantidades fijas 159
CAPÍTULO XIX 164
Las diferencias sucesivas 164
CAPÍTULO XX 169
Diferentes órdenes de indefinidad 169
CAPÍTULO XXI 178
Lo indefinido es inagotable analíticamente 178
CAPÍTULO XXII 183
Carácter sintético de la integración 183
CAPÍTULO XXIII 191
Los argumentos de Zenón de Elea 191
CAPÍTULO XXIV 197
Verdadera concepción del paso al límite 197
CAPÍTULO XXV 202
Conclusión 202

PREFACIO

Aunque el presente estudio pueda parecer, a primera vista al menos, no tener mas que un carácter un poco «especial», nos ha parecido útil emprenderle para precisar y explicar más completamente algunas nociones a las que nos ha sucedido hacer llamada en las diversas ocasiones en las que nos hemos servido del simbolismo matemático, y esta razón bastaría en suma para justificarle sin que haya lugar a insistir más en ello. No obstante, debemos decir que a eso se agregan también otras razones secundarias, que conciernen sobre todo a lo que se podría llamar el lado «histórico» de la cuestión; en efecto, éste no está enteramente desprovisto de interés desde nuestro punto de vista, en el sentido de que todas las discusiones que se han suscitado sobre el tema de la naturaleza y del valor del cálculo infinitesimal ofrecen un ejemplo contundente de esa ausencia de principios que caracteriza a las ciencias profanas, es decir, las únicas ciencias que los modernos conocen y que incluso conciben como posibles. Ya hemos hecho observar frecuentemente que la mayoría de esas ciencias, en la medida incluso en que corresponden todavía a alguna realidad, no representan nada más que simples residuos desnaturalizados de algunas de las antiguas ciencias tradicionales: es la parte más inferior de éstas, la que, habiendo cesado de ser puesta en relación con los principios, y habiendo perdido por eso su verdadera significación original, ha acabado por tomar un desarrollo independiente y por ser considerada como un conocimiento que se basta a sí mismo, aunque, ciertamente, su valor propio como conocimiento, precisamente por eso mismo, se encuentra reducido a casi nada. Eso es evidente sobre todo cuando se trata de las ciencias físicas, pero, como lo hemos explicado en otra parte,[1] las matemáticas modernas mismas no constituyen ninguna excepción bajo este aspecto, si se las compara a lo que eran para los antiguos la ciencia de los números y la geometría; y, cuando hablamos aquí de los antiguos, en eso es menester comprender incluso la antigüedad «clásica», como un mínimo estudio de las teorías pitagóricas y platónicas basta para mostrarlo, o lo debería al menos si no fuera menester contar con la extraordinaria incomprensión de aquellos que pretenden interpretarlas hoy día. Si esa incomprensión no fuera tan completa, ¿cómo se podría sostener, por ejemplo, la opinión de un origen «empírico» de las ciencias en cuestión, mientras que, en realidad, aparecen al contrario tanto más alejadas de todo «empirismo» cuanto más atrás nos remontamos en el tiempo, así como ocurre igualmente con toda otra rama del conocimiento científico?

Los matemáticos, en la época moderna, y más particularmente todavía en la época contemporánea, parecen haber llegado a ignorar lo que es verdaderamente el número;

---

[1] Ver *El Reino de la Cantidad y los Signos de los tiempos*.

y, en eso, no entendemos hablar sólo del número tomado en el sentido analógico y simbólico en que lo entendían los Pitagóricos y los Kabbalistas, lo que es muy evidente, sino incluso, lo que puede parecer más extraño y casi paradójico, del número en su acepción simple y propiamente cuantitativa. En efecto, los matemáticos modernos reducen toda su ciencia al cálculo, según la concepción más estrecha que uno pueda hacerse de él, es decir, considerado como un simple conjunto de procedimientos más o menos artificiales, y que no valen en suma más que por las aplicaciones prácticas a las que da lugar; en el fondo, eso equivale a decir que reemplazan el número por la cifra y, por lo demás, esta confusión del número con la cifra está tan extendida en nuestros días que se la podría encontrar fácilmente a cada instante hasta en las expresiones del lenguaje corriente[2]. Ahora bien, en todo rigor, la cifra no es nada más que la vestidura del número; ni siquiera decimos su cuerpo, ya que, en ciertos aspectos, es más bien la forma geométrica la que puede considerarse legítimamente como constituyendo el verdadero cuerpo del número, así como lo muestran las teorías de los antiguos sobre los polígonos y los poliedros, puestos en relación directa con el simbolismo de los números; y, por lo demás, esto concuerda con el hecho de que toda

---

[2] ¡Ocurre lo mismo con los «pseudoesoteristas» que saben tan poco de lo que quieren hablar que nunca dejan de cometer esta misma confusión en las elucubraciones fantásticas con las que tienen la pretensión de sustituir a la ciencia tradicional de los números!

«incorporación» implica necesariamente una «espacialización». No obstante, no queremos decir que las cifras mismas sean signos enteramente arbitrarios, cuya forma no habría sido determinada más que por la fantasía de uno o de varios individuos; con los caracteres numéricos debe ocurrir lo mismo que con los caracteres alfabéticos, de los que, en algunos lenguas, no se distinguen[3], y se puede aplicar a los unos tanto como a los otros la noción de un origen jeroglífico, es decir, ideográfico o simbólico, que vale para todas las escrituras sin excepción, por disimulado que pueda estar este origen en algunos casos debido a deformaciones o alteraciones más o menos recientes.

Lo que hay de cierto, es que los matemáticos emplean en su notación símbolos cuyo sentido ya no conocen, y que son como vestigios de tradiciones olvidadas; y lo que es más grave, es que no solo no se preguntan cuál puede ser ese sentido, sino que ni siquiera parecen querer que tengan alguno. En efecto, tienden cada vez más a considerar toda notación como

---

[3] El hebreo y el griego están en ese caso, y el árabe lo estaba igualmente antes de la introducción del uso de las cifras de origen indio, que después, modificándose más o menos, pasaron de ahí a la Europa de la edad media; se puede destacar a este propósito que la palabra «cifra» misma no es otra cosa que el árabe *ifr*, aunque éste no sea en realidad mas que la designación del cero. Por otra parte, es verdad que en hebreo, *saphar* significa «contar» o «númerar» al mismo tiempo que «escribir», de donde *sepher* «escritura» o «libro» (en árabe *sifr*, que designa particularmente un libro sagrado), y *sephar*, «numeración» o «cálculo»; de esta última palabra viene también la designación de los *Sephiroth* de la Kabbala, que son las «numeraciones» principales asimiladas a los atributos divinos.

una simple «convención», por la que entienden algo que está planteado de una manera enteramente arbitraria, lo que, en el fondo, es una verdadera imposibilidad, ya que jamás se hace una convención cualquiera sin tener alguna razón para hacerla, y para hacer precisamente esa más bien que cualquier otra; es solo a aquellos que ignoran esa razón a quienes la convención puede parecerles arbitraria, de igual modo que no es sino a aquellos que ignoran las causas de un acontecimiento a quienes éste puede parecerles «fortuito»; en efecto, eso es lo que se produce aquí, y se puede ver en ello una de las consecuencias más extremas de la ausencia de todo principio, ausencia que llega hasta hacer perder a la ciencia, o supuestamente tal, pues entonces ya no merece verdaderamente ese nombre bajo ningún aspecto, toda significación plausible. Por lo demás, debido al hecho mismo de la concepción actual de una ciencia exclusivamente cuantitativa, ese «convencionalismo» se extiende poco a poco desde las matemáticas a las ciencias físicas, en sus teorías más recientes, que así se alejan cada vez más de la realidad que pretenden explicar; hemos insistido suficientemente sobre esto en otra obra como para dispensarnos de decir nada más a este respecto, tanto más cuanto que es solo de las matemáticas de lo que vamos a ocuparnos ahora más particularmente. Desde este punto de vista, solo agregaremos que, cuando se pierde tan completamente de vista el sentido de una notación, es muy fácil pasar del uso legítimo y válido de ésta a un uso ilegítimo, que ya no corresponde efectivamente a nada, y que a veces puede ser incluso completamente ilógico; esto puede parecer bastante extraordinario cuando se trata de una ciencia como las matemáticas, que debería tener con la lógica lazos particularmente estrechos, y, sin embargo, es muy cierto que se pueden señalar múltiples ilogismos en las nociones matemáticas tales como se consideran comúnmente en nuestra época.

Uno de los ejemplos más destacables de esas nociones ilógicas, y que tendremos que considerar aquí ante todo, aunque no será el único que encontraremos en el curso de nuestra exposición, es el del pretendido infinito matemático o cuantitativo, que es la fuente de casi todas las dificultades que se han suscitado contra el cálculo infinitesimal, o, quizás más exactamente, contra el método infinitesimal, ya que en eso hay algo que, piensen lo que piensen los «convencionalistas», rebasa el alcance de un simple «cálculo» en el sentido ordinario de esta palabra; sólo hay que hacer una excepción con aquellas de las dificultades que provienen de una concepción errónea o insuficiente de la noción de «límite», indispensable para justificar el rigor de este método infinitesimal y para hacer de él otra cosa que un simple método de aproximación. Por lo demás, como lo veremos, hay que hacer una distinción entre los casos en que el supuesto infinito no expresa más que una absurdidad pura y simple, es decir, una idea contradictoria en sí misma, como la del «número infinito», y aquellos en los que sólo se emplea de una manera abusiva en el sentido de indefinido; pero sería menester no creer por eso que la confusión misma del infinito y de lo indefinido se reduce a una simple cuestión de palabras, ya que recae verdaderamente sobre las ideas mismas. Lo que es singular, es que esta confusión, que hubiera bastado disipar para atajar tantas discusiones, haya sido cometida por Leibnitz mismo, a quien se considera generalmente como el inventor del cálculo infinitesimal, y a quien llamaríamos más bien su «formulador», ya que este método corresponde a algunas realidades, que, como tales, tienen una existencia independiente de aquel que las concibe y que las expresa más o menos perfectamente; las realidades del orden matemático, como todas las demás, sólo pueden ser descubiertas y no inventadas, mientras que, por el contrario, es de «invención» de lo que se trata cuando, así como ocurre muy frecuentemente en este dominio, uno se deja arrastrar, debido a un «juego» de notación, a la fantasía pura; pero, ciertamente, sería muy difícil hacer comprender esta diferencia a matemáticos que se imaginan gustosamente que toda su ciencia no es ni debe ser nada más que una «construcción del espíritu humano», lo que, si fuera menester creerles, la reduciría ciertamente a ser muy poca cosa en realidad. Sea como sea, Leibnitz no supo nunca explicarse claramente sobre los principios de su cálculo, y eso es lo que muestra que había algo en ese cálculo que le rebasaba y que se imponía en cierto modo a él sin que tuviera consciencia de ello; si se hubiera dado cuenta, ciertamente no se hubiera enredado en una disputa de «prioridad» sobre este tema con Newton, y, por lo demás, ese tipo de disputas son siempre perfectamente vanas, ya que las ideas, en tanto que son verdaderas, no podrían ser la propiedad de nadie, a pesar del «individualismo» moderno, ya que es sólo el error lo que puede atribuirse propiamente a los individuos humanos. No nos extenderemos más sobre esta cuestión, que podría llevarnos bastante lejos del objeto de nuestro estudio, aunque quizás no sea inútil, en algunos aspectos, hacer comprender que el papel de lo que se llama los «grandes hombres» es frecuentemente, en una buena medida, un papel de «receptores», de suerte que, generalmente, ellos mismos son los primeros en ilusionarse sobre su «originalidad».

Lo que nos concierne más directamente por el momento, es esto: si tenemos que constatar tales insuficiencias en Leibnitz, e insuficiencias tanto más graves cuanto que recaen especialmente sobre las cuestiones de principios, ¿qué será entonces con los demás filósofos y matemáticos modernos, a los que, ciertamente, Leibnitz es muy superior a pesar de todo? Esta superioridad, se debe, por una parte, al estudio que había hecho de las doctrinas escolásticas de la edad media, aunque no siempre las haya comprendido enteramente, y, por otra, a algunos datos esotéricos, de origen o de inspiración principalmente rosacruciana[4], datos evidentemente muy

---

[4] La marca innegable de ese origen se encuentra en la figura hermética colocada por Leibnitz en la portada de su tratado *De Arte combinatoria*: es una representación de la *Rota Mundi*, en la que, en el centro de la doble cruz de los elementos (fuego y agua, aire y tierra) y de las cualidades (caliente y frío, seco y húmedo), la *quinta essentia* está simbolizada por una rosa de cinco pétalos (que corresponde al éter considerado en sí mismo como principio de los otros cuatro elementos); ¡naturalmente, esta *signatura* ha pasado completamente desapercibida

incompletos e incluso fragmentarios, y que, por lo demás, a veces le ocurrió aplicar bastante mal, como veremos algunos ejemplos de ello aquí mismo; para hablar como los historiadores, es a estas dos «fuentes» a las que conviene referir, en definitiva, casi todo lo que hay de realmente válido en sus teorías, y eso es también lo que le permite reaccionar, aunque imperfectamente, contra el cartesianismo, que representaba entonces, en el doble dominio filosófico y científico, todo el conjunto de las tendencias y de las concepciones más específicamente modernas. Esta precisión basta en suma para explicar, en pocas palabras, todo lo que fue Leibnitz, y, si se le quiere comprender, sería menester no perder de vista nunca estas indicaciones generales, que, por esta razón, hemos creído bueno formular desde el comienzo; pero es tiempo de dejar estas consideraciones preliminares para entrar en el examen de las cuestiones mismas que nos permitirán determinar la verdadera significación del cálculo infinitesimal.

---

para todos los comentadores universitarios!

CAPÍTULO I

INFINITO E INDEFINIDO

Procediendo en cierto modo en sentido inverso de la ciencia profana, debemos, según el punto de vista constante de toda ciencia tradicional, establecer aquí ante todo el principio que nos permitirá resolver después, de una manera casi inmediata, las dificultades a las que ha dado lugar el método infinitesimal, sin dejarnos extraviar en las discusiones que de otro modo correrían el riesgo de ser interminables, como lo son en efecto para los filósofos y los matemáticos modernos, que, por eso mismo de que les falta este principio, no han llegado nunca a aportar una solución satisfactoria y definitiva a estas dificultades. Este principio, es la idea misma del Infinito entendido en su único sentido verdadero, que es el sentido puramente metafísico, y, por lo demás, sobre este punto, no tenemos más que recordar sumariamente lo que ya hemos expuesto más completamente en otra parte[5]: el Infinito es propiamente lo que no tiene límites, ya que finito es evidentemente sinónimo de limitado; por consiguiente, no se

---

[5] Los Estados múltiples del ser, cap. I

puede aplicar sin abuso esta palabra a otra cosa que a lo que no tiene absolutamente ningún límite, es decir, al Todo universal que incluye en sí mismo todas las posibilidades, y que, por consiguiente, no podría ser limitado de ninguna manera por nada; entendido así, el Infinito es metafísica y lógicamente necesario, ya que no sólo no puede implicar ninguna contradicción, puesto que no encierra en sí mismo nada de negativo, sino que es al contrario su negación la que sería contradictoria. Además, evidentemente no puede haber más que un Infinito, ya que dos Infinitos supuestos distintos se limitarían el uno al otro, y por tanto, se excluirían forzosamente; por consiguiente, toda vez que la palabra «infinito» se emplea en un sentido diferente del que acabamos de decir, podemos estar seguros *a priori* de que ese empleo es necesariamente abusivo, ya que, en suma, equivale a ignorar pura y simplemente el Infinito metafísico, o a suponer otro infinito al lado de él.

Es verdad que los escolásticos admitían lo que llamaban *infinitum secundum quid*, que distinguían cuidadosamente del *infinitum absolutum* que es únicamente el Infinito metafísico; pero en eso no podemos ver más que una imperfección de su terminología, ya que, si esta distinción les permitía escapar a la contradicción de una pluralidad de infinitos entendidos en el sentido propio, por ello no es menos cierto que ese doble empleo de la palabra *infinitum* corría el riesgo de causar múltiples confusiones, ya que, por lo demás, uno de los sentidos que le daban así era completamente impropio, puesto que decir que algo es infinito sólo bajo un cierto aspecto, lo que es la significación exacta de la expresión *Infinitum secundum quid*, es decir que en realidad no es infinito de ninguna manera[6]. En efecto, no es porque una cosa no está limitada en un cierto sentido o bajo una cierta relación por lo que se puede concluir legítimamente que no está limitada de ninguna manera, lo que sería necesario para que fuera verdaderamente infinita; no solo puede estar limitada al mismo tiempo bajo otros aspectos, sino que incluso podemos decir que lo está necesariamente, desde que es una cierta cosa determinada, y que, por su determinación misma, no incluye toda posibilidad, ya que eso mismo equivale a decir que está limitada por lo que deja fuera de ella; al contrario, si el Todo universal es infinito, es precisamente porque no deja nada fuera de Él[7]. Así pues, toda determinación, por general que se la suponga, y cualquiera que sea la extensión que pueda recibir, es necesariamente exclusiva de la verdadera noción de infinito[8]; una determinación, cualquiera que sea, es siempre

---

[6] Es en un sentido bastante próximo de éste como Spinoza empleó más tarde la expresión «infinito en su género», que da lugar naturalmente a las mismas objeciones.

[7] Se puede decir también que no deja fuera de él más que la imposibilidad, la cual, al ser una pura nada, no podría limitarle de ninguna manera.

[8] Esto es igualmente verdad de las determinaciones de orden universal, y no ya simplemente general, comprendido ahí el Ser mismo que es la primera de todas las determinaciones; pero no hay que decir que esta consideración no interviene en las aplicaciones únicamente cosmológicas de las que vamos a ocuparnos en el presente estudio.

una limitación, puesto que tiene como carácter esencial definir un cierto dominio de posibilidades en relación a todo el resto, y porque, por eso mismo, excluye a todo ese resto. Así, hay un verdadero despropósito en aplicar la idea de infinito a una determinación cualquiera, por ejemplo, en el caso que vamos a considerar aquí más especialmente, a la cantidad o a uno u otro de sus modos; la idea de un «infinito determinado» es demasiado manifiestamente contradictoria como para que haya lugar a insistir más en ello, aunque esta contradicción haya escapado muy frecuentemente al pensamiento profano de los modernos, y aunque aquellos mismos que se podrían llamar «semiprofanos» como Leibnitz, no hayan sabido apercibirla claramente[9]. Para hacer destacar aún mejor esta contradicción, podríamos decir, en otros términos que son equivalentes en el fondo, que es evidentemente absurdo querer definir el Infinito: en efecto, una definición no es otra cosa que la expresión de una determinación, y las palabras mismas dicen bastante claramente que lo que es susceptible de ser definido no puede ser más que finito o limitado; buscar hacer entrar el Infinito en una fórmula, o, si se prefiere, revestirle de una forma cualquiera que sea, es, consciente o inconscientemente, esforzarse en hacer entrar el Todo universal en uno de los

---

[9] Si alguien se extrañara de la expresión «semiprofano» que empleamos aquí, diríamos que puede justificarse, de una manera muy precisa, por la distinción de la iniciación efectiva y de la iniciación simplemente virtual, sobre la que tendremos que explicarnos en otra ocasión.

elementos más ínfimos que están comprendidos en él, lo que, ciertamente, es efectivamente la más manifiesta de las imposibilidades.

Lo que acabamos de decir basta para establecer, sin dejar lugar a la menor duda, y sin que haya necesidad de entrar en ninguna otra consideración, que no puede haber un infinito matemático o cuantitativo, que esta expresión no tiene ningún sentido, porque la cantidad misma es una determinación; el número, el espacio, el tiempo, a los que se quiere aplicar la noción de ese pretendido infinito, son condiciones determinadas, y que, como tales, no pueden ser más que finitas; son, si se quiere, ciertas posibilidades, o ciertos conjuntos de posibilidades, junto a los cuales y fuera de los cuales existen otros, lo que implica evidentemente su limitación. En este caso, hay todavía algo más: concebir el Infinito cuantitativamente, no solo es limitarle, sino que es también, por añadidura, concebirle como susceptible de aumento o de disminución, lo que no es menos absurdo; con semejantes consideraciones, se llega a considerar rápidamente no sólo varios infinitos que coexisten sin confundirse ni excluirse, sino también infinitos que son más grandes o más pequeños que otros infinitos, e incluso, puesto que en estas condiciones el infinito ha devenido tan relativo que ya no basta, se inventa el «transfinito», es decir, el dominio de las cantidades más grandes que el infinito; y, en efecto, es de una «invención» de lo que se trata propiamente entonces, ya que tales concepciones no podrían corresponder a nada real: ¡A tantas palabras, otras tantas absurdidades, incluso al respecto de la simple lógica elemental, lo que no impide que, entre aquellos que las sostienen, se encuentren quienes tienen la pretensión de ser «especialistas» de la lógica, tan grande es la confusión intelectual de nuestra época!

Debemos hacer observar que hace un momento hemos dicho, no sólo «concebir un infinito cuantitativo», sino «concebir el Infinito cuantitativamente», y esto requiere algunas palabras de explicación: con eso hemos querido hacer alusión más particularmente a aquellos que, en la jerga filosófica contemporánea, se llaman los «infinitistas»; en efecto, todas las discusiones entre «finitistas» e «infinitistas» muestran claramente que los unos y los otros tienen al menos en común esta idea completamente falsa de que el Infinito metafísico es solidario del infinito matemático, si es que incluso no se identifica con él pura y simplemente[10]. Así pues, todos ignoran igualmente los principios más elementales de la metafísica, puesto que es al contrario la concepción misma del verdadero Infinito metafísico la única que permite rechazar de una manera absoluta todo «infinito particular», si puede se expresar así, tal como el pretendido infinito cuantitativo, y estar seguro de antemano de que, por todas partes donde se le encuentre, no puede ser más que una

---

[10] Aquí citaremos sólo, como ejemplo característico, el caso de L. Couturat que concluye su tesis *De l'infini mathématique*, en la que se ha esforzado en probar la existencia de un infinito de número y de magnitud, declarando que su intención en eso ha sido mostrar que, ¡«a pesar del neocriticismo (es decir, de las teorías de Renouvier y de su escuela), es probable una metafísica infinitista»!

ilusión, a cuyo respecto ya no habrá más que preguntarse lo que ha podido darle nacimiento, a fin de poder sustituirla por otra noción más conforme a la verdad. En suma, toda vez que se trate de una cosa particular, de una posibilidad determinada, por eso mismo estamos ciertos *a priori* de que es limitada, y, podemos decir, limitada por su naturaleza misma, y esto permanece igualmente verdadero en el caso donde, por una razón cualquiera, no podamos alcanzar actualmente sus límites; pero es precisamente esta imposibilidad de alcanzar los límites de algunas cosas, e incluso a veces de concebirlos claramente, la que causa, al menos en aquellos a quienes les falta el principio metafísico, la ilusión de que esas cosas no tienen límites, y, lo repetimos aún, es esta ilusión, y nada más, la que se formula en la afirmación contradictoria de un «infinito determinado».

Es aquí donde interviene, para rectificar esa falsa noción, o más bien para reemplazarla por una concepción verdadera de las cosas[11], la idea de lo indefinido, que es precisamente la

---

[11] En todo rigor lógico, hay lugar a hacer una distinción entre «falsa noción» (o, si se quiere, «pseudonoción») y «noción falsa»: una «noción falsa» es la que no corresponde adecuadamente a la realidad, aunque se le corresponde no obstante en una cierta medida; al contrario, una «falsa noción» es la que implica contradicción, como es el caso aquí, y la que así no es verdaderamente una noción, ni siquiera falsa, aunque tenga la apariencia de ello para los que no se dan cuenta de la contradicción, ya que, puesto que no expresa más que lo imposible, que es lo mismo que nada, no corresponde absolutamente a nada; una «noción falsa» es susceptible de ser rectificada, pero una «falsa noción» no puede ser más que rechazada pura y simplemente.

idea de un desarrollo de posibilidades cuyos límites no podemos alcanzar actualmente; y por eso consideramos como fundamental, en todas las cuestiones donde aparece el pretendido infinito matemático, la distinción del Infinito y de lo indefinido. Es sin duda a eso a lo que respondía, en la intención de sus autores, la distinción escolástica de *infinitum absolutum* y del *infinitum secundum quid*; y es ciertamente deplorable que Leibnitz, que no obstante ha tomado tanto de la escolástica, haya descuidado o ignorado ésta, ya que, por imperfecta que fuera la forma bajo la que estaba expresada, hubiera podido servirle para responder bastante fácilmente a ciertas de las objeciones suscitadas contra su método. Por el contrario, parece que Descartes había intentado establecer la distinción de que se trata, pero está muy lejos de haberla expresado e incluso concebido con una precisión suficiente, puesto que, según él, lo indefinido es aquello cuyos límites no vemos, y que en realidad podría ser infinito, aunque no podamos afirmar que lo sea, mientras que la verdad es que, al contrario, podemos afirmar que no lo es, y que no hay necesidad ninguna de ver sus límites para estar ciertos de que esos límites existen; así pues, se ve cuan vago y embarullado está todo esto, y siempre a causa de la misma falta de principio. Descartes dice en efecto: «Y para nosotros, al ver cosas en las que, según algunos sentidos[12], no observamos

---

[12] Estos términos parecen querer recordar el *secundum quid* escolástico y así, pudiera ser que la intención primera de la frase que citamos haya sido criticar indirectamente la expresión *infinitum secundum quid*.

límites, no aseguramos por eso que sean infinitas, sino que las estimaremos solamente indefinidas[13]». Y da como ejemplos de ello la extensión y la divisibilidad de los cuerpos; no asegura que estas cosas sean infinitas, pero no obstante no parece tampoco querer negarlo formalmente, tanto más cuanto que llega a declarar que no quiere «enredarse en las disputas del infinito», lo que es una manera demasiado simple de sortear las dificultades, y aunque diga un poco más adelante que «si bien observamos en ellas propiedades que nos parecen no tener límites, no dejaremos de reconocer que eso procede del defecto de nuestro entendimiento, y no de su naturaleza»[14]. En suma, con justa razón, quiere reservar el nombre de infinito a lo que no puede tener ningún límite; pero, por una parte, no parece saber, con la certeza absoluta que implica todo conocimiento metafísico, que lo que no tiene ningún límite no puede ser nada más que el Todo universal, y por otra, la noción misma de lo indefinido tiene necesidad de ser precisada mucho más de lo que la precisa él; si lo hubiera sido, sin duda un gran número de confusiones ulteriores no se habrían producido tan fácilmente[15].

---

[13] *Principes de la Philosophie*, I, 26.

[14] *Ibid.*, I, 27.

[15] Es así como Varignon, en su correspondencia con Leibnitz, al respecto del cálculo infinitesimal, emplea indistintamente las palabras «infinito» e «indefinido», como si fueran más o menos sinónimos, o como si al menos fuera en cierto modo indiferente tomar uno por otro, mientras que, al contrario, es la diferencia de sus significaciones la que, en todas estas discusiones, hubiera debido

Decimos que lo indefinido no puede ser infinito, porque su concepto conlleva siempre una cierta determinación, ya se trate de la extensión, de la duración, de la divisibilidad, o de cualquier otra posibilidad; en una palabra, lo indefinido, cualquiera que sea y bajo cualquier aspecto que se lo considere, es todavía finito y no puede ser más que finito. Sin duda, sus límites se alejan hasta encontrarse fuera de nuestro alcance, al menos en tanto que busquemos alcanzarlos de una cierta manera que podemos llamar «analítica», así como lo explicaremos más completamente a continuación; pero por eso no son suprimidos de ninguna manera, y, en todo caso, si las limitaciones de un cierto orden pueden ser suprimidas, subsisten todavía otras, que están en la naturaleza misma de lo que se considera, ya que es en virtud de su naturaleza, y no simplemente de alguna circunstancia más o menos exterior y accidental, por lo que toda cosa particular es finita, y ello, sea cual sea el grado al que pueda ser llevada efectivamente la extensión de la que es susceptible. Se puede destacar a este propósito que el signo ∞, por el que los matemáticos representan su pretendido infinito, es él mismo una figura cerrada, y por consiguiente, visiblemente finita, tanto como lo es el círculo del que algunos han querido hacer un símbolo de la eternidad, mientras que no puede ser más que una figuración de un ciclo temporal, indefinido solamente en su orden, es decir, en el orden de lo que se llama propiamente la

---

ser considerada como el punto esencial.

perpetuidad[16]; y es fácil ver que esta confusión de la eternidad y de la perpetuidad, tan común entre los Occidentales modernos, se emparenta estrechamente a la del Infinito y de lo indefinido.

Para hacer comprender mejor la idea de lo indefinido y la manera en que éste se forma a partir de lo finito entendido en su acepción ordinaria, se puede considerar un ejemplo tal como la sucesión de los números: en ésta, evidentemente no es posible nunca detenerse en un punto determinado, puesto que, después de todo número, hay siempre otro que se obtiene agregándole la unidad; por consiguiente, es menester que la limitación de esa sucesión indefinida sea de un orden diferente del que se aplica a un conjunto definido de números, tomados entre dos números determinados cualesquiera; así pues, es menester que esa limitación esté, no en algunas propiedades particulares de ciertos números, sino en la naturaleza misma del número en toda su generalidad, es decir, en la determinación que, al constituir esencialmente esta naturaleza, hace a la vez que el número sea lo que es y que no sea otra cosa. Podría repetirse exactamente la misma observación si se tratara, no ya del número, sino del espacio

---

[16] Conviene observar también que, como lo hemos explicado en otra parte, un tal ciclo no es nunca verdaderamente cerrado, sino que parece serlo solamente en tanto que uno se coloca en una perspectiva que no permite percibir la distancia que existe realmente entre sus extremidades, de igual modo que una espira de hélice según el eje vertical aparece como un círculo cuando es proyectada sobre el plano horizontal.

o del tiempo considerados igualmente en toda la extensión de la que son susceptibles[17]; esa extensión, por indefinida que se la conciba y que lo sea efectivamente, no podrá hacernos salir nunca de ninguna manera de lo finito. Es que, en efecto, mientras que lo finito presupone necesariamente el Infinito, puesto que éste es lo que comprende y envuelve todas las posibilidades, lo indefinido procede al contrario de lo finito, de lo que no es en realidad más que un desarrollo, y a lo que, por consiguiente, es siempre reductible, ya que es evidente que no se puede sacar de lo finito, por cualquier proceso que sea, nada más que lo que ya estaba contenido en él potencialmente. Para retomar el mismo ejemplo de la sucesión de los números, podemos decir que esta sucesión, con toda la indefinidad que conlleva, nos está dada por su ley de formación, puesto que es de esta ley misma de donde resulta inmediatamente su indefinidad; ahora bien, esta ley consiste en que, dado un número cualquiera, se formará el número siguiente agregándole la unidad. Así pues, la sucesión de los números se forma por adiciones sucesivas de la unidad a sí misma indefinidamente repetida, lo que, en el fondo, no es más que la extensión indefinida del procedimiento de formación de una suma aritmética cualquiera; y aquí se ve muy claramente como lo indefinido se forma a partir de lo

---

[17] Así pues, no serviría de nada decir que el espacio, por ejemplo, no podría estar limitado más que por algo que sería también el espacio, de suerte que el espacio en general ya no podría estar limitado por nada; al contrario, está limitado por la determinación misma que constituye su naturaleza propia en tanto que espacio, y que deja lugar, fuera de él, a todas las posibilidades no espaciales.

finito. Por lo demás, este ejemplo debe su claridad particular al carácter discontinuo de la continuidad numérica; pero, para tomar las cosas de una manera más general y aplicable a todos los casos, bastaría, a este respecto, insistir sobre la idea de «devenir» que está implicada por el término «indefinido», y que hemos expresado más atrás al hablar de un desarrollo de posibilidades, desarrollo que, en sí mismo y en todo su curso, conlleva siempre algo de inacabado[18]; la importancia de la consideración de las «variables», en lo que concierne al cálculo infinitesimal, dará a este último punto toda su significación.

---

[18] Cf. la precisión de A. K. Coomaraswamy sobre el concepto platónico de «medida», que hemos citado en otra parte (*El Reino de la Cantidad y los Signos de los Tiempos*, cap. III): Lo «no medido» es lo que todavía no ha sido definido, es decir, en suma lo indefinido, y es, al mismo tiempo y por eso mismo, lo que no está más que incompletamente realizado en la manifestación.

CAPÍTULO II

La contradicción del «número infinito»

Como lo veremos todavía más claramente a continuación, hay casos en los que basta reemplazar la idea del pretendido infinito por la de lo indefinido para hacer desaparecer inmediatamente toda dificultad, pero hay otros donde eso mismo no es posible, porque se trata de algo claramente determinado, «fijado» de alguna manera por hipótesis, y que como tal, no puede llamarse indefinido, según la observación que hemos hecho en último lugar: así, por ejemplo, se puede decir que la sucesión de los números es indefinida, pero no se puede decir que un cierto número, por grande que se le suponga y cualquiera que sea el rango que ocupe en esta sucesión, es indefinido. La idea del «número infinito», entendida como el «más grande de todos los números», o «el número de todos los números», o también el «número de todas las unidades», es una idea verdaderamente contradictoria en sí misma, cuya imposibilidad subsistiría incluso si se renunciara al empleo injustificable de la palabra «infinito»: no puede haber un número que sea más grande que todos los demás, ya que, por grande que sea un número, siempre se puede formar uno más grande agregándole la unidad, conformemente a la ley de formación que hemos formulado más atrás. Eso equivale a decir que la sucesión de los números no puede tener un último término, y es precisamente porque no está «terminada» por lo que es verdaderamente indefinida; como el número de todos sus términos no podría ser más que el último de entre ellos, no se puede decir tampoco que no es «numerable», y esa es una idea sobre la que tendremos que volver más ampliamente a continuación.

La imposibilidad del «número infinito» puede establecerse aún con diversos argumentos; Leibnitz, que al menos la reconocía muy claramente[19], empleaba el que consiste en comparar la sucesión de los números pares a la de todos los números enteros: a todo número corresponde otro número que es igual a su doble, de suerte que se pueden hacer corresponder las dos sucesiones término a término, de donde resulta que el número de los términos debe ser el mismo en uno y otro caso; pero, por otra parte, evidentemente hay dos veces más números enteros que números pares, puesto que los números pares se colocan de dos en dos en la sucesión de los números enteros; por consiguiente, así se concluye en una contradicción manifiesta. Se puede generalizar este argumento tomando, en lugar de la sucesión de los números pares, es decir, de los múltiplos de dos, la de los múltiplos de

---

[19] «A pesar de mi cálculo infinitesimal, escribía concretamente, yo no admito ningún verdadero número infinito, aunque confieso que la multitud de las cosas sobrepasa todo número finito, o más bien todo número».

un número cualquiera, y el razonamiento es idéntico; se puede tomar también de la misma manera la sucesión de los cuadrados de los números enteros[20], o más generalmente, la de sus potencias de un exponente cualquiera. En todos los casos, la conclusión a la que se llega es siempre la misma: una sucesión que no comprende más que una parte de los números enteros debería tener el mismo número de términos que la que los comprende a todos, lo que equivaldría a decir que el todo no sería más grande que su parte; y, desde que se admite que hay un número de todos los números, es imposible escapar a esta contradicción. No obstante, algunos han creído poder escapar a ella admitiendo, al mismo tiempo, que hay números a partir de los que la multiplicación por un cierto número o la elevación a una cierta potencia ya no sería posible, porque daría un resultado que rebasaría el pretendido «número infinito»; hay inclusos quienes han sido conducidos a considerar en efecto números llamados «más grandes que el infinito», de donde teorías como la del «transfinito» de Cantor, que pueden ser muy ingeniosas, pero que por eso no son más válidas lógicamente[21]: ¿es concebible que se pueda

---

[20] Esto es lo que hacía Cauchy, que, por lo demás, atribuía este argumento a Galileo (*Sept leçons de Physique générale*, 3ª lección).

[21] Ya, en la época de Leibnitz, Wallis consideraba «*spatia plus quam infinita*»; esta opinión, denunciada por Varignon como implicando contradicción, fue sostenida igualmente por Guido Grandi en su libro *De Infinitis infinitorum*. Por otra parte, Jean Bernoulli, en el curso de sus discusiones con Leibnitz, escribía: «*Si dantur termini infiniti, datibur etiam terminus infinitesimus (non dico ultimus) et qui eum sequuntur*», lo que, aunque no se explique más claramente ahí, parece indicar que

pensar en llamar «infinito» a un número que, al contrario, es tan «finito» que no es ni siquiera el más grande de todos? Por lo demás, con semejantes teorías, habría números a los que ninguna de las reglas del cálculo ordinario se aplicarían ya, es decir, en suma, números que no serían verdaderamente números, y que no serían llamados así más que por convención[22]; es lo que ocurre forzosamente cuando, al buscar concebir el «número infinito» de otro modo que como el más grande de los números, se consideran diferentes «números infinitos», supuestos desiguales entre sí, y a los que se atribuyen propiedades que ya no tienen nada en común con las de los números ordinarios; así, no se escapa a una contradicción más que para caer en otras, y en el fondo, todo eso no es más que el producto del «convencionalismo» más vacío de sentido que se pueda imaginar.

Así, la idea del pretendido «número infinito», de cualquier manera que se presente y por cualquier nombre que se la quiera designar, contiene siempre elementos contradictorios; por lo demás, no hay ninguna necesidad de esa suposición absurda desde que uno se hace una justa concepción de lo que es realmente la indefinidad del número, y desde que se

---

admitía que pueda haber en una serie numérica términos «más allá del infinito».

[22] En eso no se puede decir de ninguna manera que se trate de un empleo analógico de la idea del número, ya que esto supondría una transposición a un dominio diferente del de la cantidad, y, al contrario, es a la cantidad, entendida en su sentido más literal, a la que se refieren exclusivamente todas las consideraciones de este tipo.

reconoce además que el número, a pesar de su indefinidad, no es aplicable de ninguna manera a todo lo que existe. No vamos a insistir aquí sobre este último punto, puesto que ya lo hemos explicado suficientemente en otra parte: el número no es más que un modo de la cantidad, y la cantidad misma no es más que una categoría o un modo especial del ser, no coextensivo de éste, o, más precisamente aún, no es más que una condición propia de un cierto estado de existencia en el conjunto de la existencia universal; pero es eso justamente lo que la mayoría de los modernos tienen dificultad para comprender, habituados como están a querer reducir todo a la cantidad e incluso evaluar todo numéricamente[23]. No obstante, en el dominio mismo de la cantidad hay cosas que escapan al número, así como lo veremos cuando tratemos del continuo; e incluso, sin salir de la consideración de la cantidad discontinua, uno está ya forzado a admitir, al menos implícitamente, que el número no es aplicable a todo, cuando se reconoce que la multitud de todos los números no puede constituir un número, lo que, por lo demás, no es en suma más que una aplicación de la verdad incontestable de que lo que limita un cierto orden de posibilidades debe estar

---

[23] Es así como Renouvier pensaba que el número es aplicable a todo, al menos idealmente, es decir, que todo es «numerable» en sí mismo, aunque nosotros seamos incapaces de «numerarlo» efectivamente; también se ha equivocado completamente sobre el sentido que Leibnitz da a la noción de la «multitud», y nunca ha podido comprender como la distinción de ésta con el número permite escapar a la contradicción del «número infinito».

necesariamente fuera y más allá de ese orden[24]. Solamente, debe entenderse bien que una tal multitud, ya se la considere en el discontinuo, como en el caso cuando se trata de la sucesión de los números, o ya se la considere en el continuo, sobre lo que tendremos que volver un poco más adelante, no puede ser llamada de ninguna manera infinita, y que en eso no se trata nunca más que de lo indefinido; por lo demás, es esta noción de la multitud lo que vamos a tener que examinar ahora más cerca.

---

[24] Hemos dicho, sin embargo, que una cosa particular o determinada, cualquiera que sea, está limitada por su naturaleza misma, pero en eso no hay absolutamente ninguna contradicción: en efecto, es por el lado negativo de esta naturaleza como ella está limitada (ya que, como ha dicho Spinoza, «*omnis determinatio negatio est*»), es decir, en tanto que ésta excluye a las demás cosas y las deja fuera de ella, de suerte que, en definitiva, es la coexistencia de esas otras cosas la que limita a la cosa considerada; por lo demás, es por lo que el Todo universal, y solo él, no puede ser limitado por nada.

CAPÍTULO III

LA MULTITUD INNUMERABLE

Como hemos visto, Leibnitz no admite de ningún modo el «número infinito», puesto que, al contrario, declaraba expresamente que éste, en cualquier sentido que se le quiera entender, implica contradicción; pero por el contrario, admite lo que llama una «multitud infinita», sin precisar siquiera, como lo habrían hecho al menos los escolásticos, que, en todo caso, eso no puede ser más que un *infinitum secundum quid*; y, para él, la sucesión de los números es un ejemplo de una tal multitud. Sin embargo, por otro lado, en el dominio cuantitativo, e incluso en lo que concierne a la magnitud continua, la idea del infinito le parece siempre sospechosa de contradicción al menos posible, ya que, lejos de ser una idea adecuada, conlleva inevitablemente una cierta parte de confusión, y nosotros no podemos estar ciertos de que una idea no implica ninguna contradicción más que cuando concebimos distintamente todos sus elementos[25]; esto apenas permite

---

[25] Descartes hablaba sólo de «ideas claras y distintas»; Leibnitz precisa que una idea puede ser clara sin ser distinta, sólo si permite reconocer su objeto y distinguirle de todas las demás cosas, mientras que una idea distinta es la que no sólo es «distinguiente» en este sentido, sino «distinguida» en sus elementos; por lo

acordar a esa idea más que un carácter «simbólico», diríamos más bien «representativo», y es por eso por lo que Leibnitz no se atrevió nunca, así como lo veremos más adelante, a pronunciarse claramente sobre la realidad de los «infinitamente pequeños»; pero esta dificultad misma y esta actitud dubitativa hacen que se destaque mejor todavía la falta de principio que le hacía admitir que se pueda hablar de una «multitud infinita». Uno podría preguntarse también, después de eso, si no pensaba que una tal multitud, para ser «infinita» como él dice, no sólo no debía ser «numerable», lo que es evidente, sino que ni siquiera debía ser de ninguna manera cuantitativa, tomando la cantidad en toda su extensión y bajo todos sus modos; eso podría ser verdad en algunos casos, pero no en todos; sea lo que sea, ese es también un punto sobre el que nunca se ha explicado claramente.

La idea de una multitud que sobrepasa todo número, y que por consiguiente no es un número, parece haber sorprendido a la mayoría de aquellos que han discutido las concepciones de Leibnitz, ya sean «finitistas» o «infinitistas»; sin embargo, esta idea está lejos de ser propia de Leibnitz como parecen

---

demás, una idea puede ser más o menos distinta, y la idea adecuada es la que lo es completamente y en todos sus elementos; pero, mientras que Descartes creía que se podían tener ideas «claras y distintas» de todas las cosas, Leibnitz estima al contrario que las ideas matemáticas son las únicas que pueden ser adecuadas, puesto que sus elementos son en cierto modo en número definido, mientras que todas las demás ideas envuelven una multitud de elementos cuyo análisis no puede ser acabado nunca, de tal suerte que las mismas permanecen siempre parcialmente confusas.

haberlo creído generalmente, y, antes al contrario, era una idea completamente corriente en los escolásticos[26]. Esta idea se entendía propiamente de todo lo que no es ni número ni «numerable», es decir, de todo lo que no depende de la cantidad discontinua, ya se trate de cosas que pertenecen a otros modos de la cantidad o de lo que está enteramente fuera del dominio cuantitativo, ya se trate de una idea del orden de los «transcendentales», es decir, de los modos generales del ser, que, contrariamente a sus modos especiales como la cantidad, le son coextensivos[27]. Es lo que permite hablar, por ejemplo, de la multitud de los atributos divinos, o también de la multitud de los ángeles, es decir, de seres que pertenecen a estados que no están sometidos a la cantidad y donde, por consiguiente, no puede tratarse de número; es también lo que nos permite considerar los estados del ser o los grados de la existencia como siendo en multiplicidad o en multitud indefinida, mientras que la cantidad no es más que una condición especial de uno solo de entre ellos. Por otra parte,

---

[26] Citaremos sólo un texto tomado entre muchos otros, y que es particularmente claro a este respecto: «Qui diceret aliquan multitudinem esse infinitam, nom diceret eam esse numerum, vel numerum habere; addit etiam numerus super multitudinem rationem mensurationis. Est enim numerus multitudo mensurata per unum,...et propter hoc numerus ponitur species quantitatis discretae, non autem multitudo, sed est de transcendentibus» (Santo Tomás de Aquino, in III Phys., 1, 8).

[27] Se sabe que los escolásticos, incluso en la parte propiamente metafísica de sus doctrinas, nunca han ido más allá de la consideración del Ser, de suerte que, de hecho, la metafísica se reduce para ellos únicamente a la ontología.

puesto que la idea de multitud, contrariamente a la de número, es aplicable a todo lo que existe, debe haber forzosamente multitudes de orden cuantitativo, concretamente en lo que concierne a la cantidad continua, y es por eso por lo que decíamos hace un momento que no sería verdadero considerar, en todos los casos, la supuesta «multitud infinita», es decir, la que sobrepasa todo número, como escapando enteramente al dominio de la cantidad. Además, el número mismo puede ser considerado también como una especie de multitud, pero a condición de agregar que, según la expresión de Santo Tomás de Aquino, es una «multitud medida por la unidad»; puesto que toda otra suerte de multitud no es «numerable», es «no medida», es decir, que no es infinita, sino propiamente indefinida.

A este propósito, conviene observar un hecho bastante singular: para Leibnitz, esta multitud, que no constituye un número, es no obstante un «resultado de las unidades»[28]; ¿qué es menester entender por eso, y de qué unidades puede tratarse? Esta palabra unidad puede tomarse en dos sentidos completamente diferentes: por una parte, hay la unidad aritmética o cuantitativa, que es el elemento primero y el punto de partida del número, y, por otra, lo que se designa analógicamente como la Unidad metafísica, que se identifica al Ser puro mismo; no vemos que haya ninguna otra acepción posible fuera de éstas; pero, por lo demás, cuando se habla de

---

[28] Système nouveau de la nature et de la communication des substances.

las «unidades», empleando esta palabra en plural, eso no puede ser evidentemente más que en el sentido cuantitativo. Únicamente, si ello es así, la suma de las unidades no puede ser otra cosa que un número, y no puede rebasar de ninguna manera el número; es cierto que Leibnitz dice «resultado» y no «suma», pero esta distinción, inclusive si es querida expresamente, por eso no deja subsistir menos una enojosa obscuridad. Por lo demás, declara en otra parte que la multitud, sin ser un número, se concibe no obstante por analogía con el número: «Cuando hay más cosas, dice, de las que pueden ser comprendidas por ningún número, no obstante nosotros les atribuimos analógicamente un número, que llamamos "infinito", aunque no se trate más que una "manera de hablar", un *modus loquendi*[29], e incluso, bajo esta forma, una manera de hablar muy incorrecta, puesto que, en realidad, eso no es de ninguna manera un número; pero, cualesquiera que sean las imperfecciones de la expresión y las confusiones a las que puede dar lugar, debemos admitir, en todo caso, que una identificación de la multitud con el número no estaba ciertamente en el fondo de su pensamiento.

Otro punto al que Leibnitz parece prestar una gran importancia, es que el «infinito», tal como lo concibe, no

---

[29] Obsevatio quod rationes sive proportiones non habeant locum circa quantitates nihilo minores, et de vero sensu Methodi infinitesimalis, en las Acta Eruditorum de Leipzig, 1712.

constituye un todo[30]; ésta es una condición que él considera como necesaria para que esta idea escape a la contradicción, pero se trata de otro punto que no deja de ser también pasablemente obscuro. Cabe preguntarse de qué suerte de «todo» se trata aquí, y, primeramente, es menester descartar enteramente la idea del Todo universal, que, al contrario, como lo hemos dicho desde el comienzo, es el Infinito metafísico mismo, es decir, el único verdadero Infinito, y que no podría estar en causa aquí de ninguna manera; en efecto, ya se trate del continuo o del discontinuo, la «multitud infinita» que considera Leibnitz se queda, en todos los casos, en un dominio restringido y contingente, de orden cosmológico y no metafísico. Por lo demás, se trata evidentemente de un todo concebido como compuesto de partes, mientras que, así como lo hemos explicado en otra parte[31], el Todo universal es propiamente «sin partes», en razón misma de su infinitud, puesto que, debiendo esas partes ser necesariamente relativas y finitas, no podrían tener con él ninguna relación real, lo que equivale a decir que no existen para él. Por consiguiente, en cuanto a la cuestión planteada,

---

[30] Cf. concretamente *ibid.*: «*Infinitum continuum vel discretum proprie nec unum, nec totum, nec quantum est*», donde la expresión «*nec quantum*» parece querer decir que para él, como lo indicábamos más atrás, la «multitud infinita» no debe ser concebida cuantitativamente, a menos, no obstante, de que por *quantum* no haya entendido solamente aquí una cantidad definida, como lo habría sido el pretendido «número infinito» cuya contradicción ha demostrado.

[31] Sobre este punto, ver también *Los Estados múltiples del ser*, cap. I.

debemos limitarnos a la consideración de un todo particular; pero aquí también, y precisamente en lo que concierne al modo de composición de un tal todo y a su relación con sus partes, hay que considerar dos casos, que corresponden a dos acepciones muy diferentes de esta misma palabra «todo». Primeramente, si se trata de un todo que no es nada más que la simple suma de sus partes, de las que está compuesto a la manera de una suma aritmética, lo que dice Leibnitz es evidente en el fondo, ya que ese modo de formación es precisamente el que es propio del número, y no nos permite rebasar el número; pero, a decir verdad, esta noción, lejos de representar la única manera en que puede concebirse un todo, no es siquiera la de un todo verdadero en el sentido más riguroso de esta palabra. En efecto, un todo que no es así más que la suma o el resultado de sus partes, y que, por consiguiente, es lógicamente posterior a éstas, no es otra cosa, en tanto que todo, que un *ens rationis*, ya que no es «uno» y «todo» más que en la medida en que le concebimos como tal; en sí mismo, no es, hablando propiamente, más que una «colección», y somos nosotros quienes, por la manera en que le consideramos, le conferimos, en un cierto sentido relativo, los caracteres de unidad y de totalidad. Al contrario, un todo verdadero, que posee esos caracteres por su naturaleza misma, debe ser lógicamente anterior a sus partes y ser independiente de ellas: tal es el caso de un conjunto continuo, que podemos dividir en partes arbitrarias, es decir, de una magnitud cualquiera, pero que no presupone de ninguna manera la existencia efectiva de esas partes; aquí, somos nosotros quienes damos a las partes como tales una realidad, por una división ideal o efectiva, y así este caso es exactamente inverso del precedente.

Ahora, toda la cuestión se reduce en suma a saber si, cuando Leibnitz dice que «el infinito no es un todo», excluye este segundo sentido tanto como el primero; así lo parece, e incluso eso es probable, puesto que es el único caso en que un todo es verdaderamente «uno», y en que el infinito, según él, no es *nec unum, nec totum*. Lo que lo confirma también, es que este caso, y no en el primero, es el que se aplica a un ser vivo o a un organismo cuando se le considera desde el punto de vista de la totalidad; ahora bien, Leibnitz dice: «Incluso el Universo no es un todo, y no debe ser concebido como un animal cuya alma es Dios, así como lo hacían los antiguos»[32]. Sin embargo, si ello es así, uno no ve demasiado como las ideas del infinito y del continuo pueden estar conectadas como lo están muy frecuentemente para él, ya que la idea del continuo se vincula precisamente, en un cierto sentido al menos, a esta segunda concepción de la totalidad; pero éste es un punto que podrá comprenderse mejor a continuación. Lo

---

[32] Carta a Jean Bernoulli. — Leibnitz presta aquí bastante gratuitamente a los antiguos en general, una opinión que, en realidad, no ha sido más que la de algunos de entre ellos; tiene manifiestamente en vista la teoría de los Estoicos, que concebían a Dios como únicamente inmanente y le identificaban al *Anima Mundi*. Por lo demás, no hay que decir que aquí no se trata más que del Universo manifestado, es decir, del «Cosmos», y no del Todo universal que comprende todas las posibilidades, tanto no manifestadas como manifestadas.

que es cierto en todo caso, es que, si Leibnitz hubiera concebido el tercer sentido de la palabra «todo», sentido puramente metafísico y superior a los otros dos, es decir, la idea del Todo universal tal como la hemos planteado primero, no habría podido decir que la idea del infinito excluye la totalidad, ya que declara: «El infinito real es quizás lo absoluto mismo, que no está compuesto de partes, pero que, teniendo partes, las comprende por razón eminente y como en el grado de perfección»[33]. Aquí hay al menos un «vislumbre», se podría decir, ya que esta vez, como por excepción, toma la palabra «infinito» en su verdadero sentido, aunque sea erróneo decir que este infinito «tiene partes», de cualquier manera que se lo quiera entender; pero es extraño que tampoco entonces exprese su pensamiento más que bajo una forma dubitativa e indecisa, como si no estuviera exactamente fijado sobre la significación de esta idea; y quizás no lo ha estado nunca en efecto, ya que de otro modo no se explicaría que la haya desviado tan frecuentemente de su sentido propio, y que sea a veces tan difícil, cuando habla de infinito, saber si su intención ha sido tomar este término «con rigor», aunque fuera equivocadamente, o si no ha visto en él más que una simple «manera de hablar».

---

[33] Carta a Jean Bernoulli, 7 de junio de 1698.

CAPÍTULO IV

La media del continuo

Hasta aquí, cuando hemos hablado del número, hemos tenido en vista exclusivamente el número entero, y ello debía ser así lógicamente, desde que consideramos la cantidad numérica como siendo propiamente la cantidad discontinua: en la sucesión de los números enteros, hay siempre, entre dos términos consecutivos, un intervalo perfectamente definido, que está marcado por la diferencia de una unidad existente entre esos dos números, y que, cuando uno se atiene a la consideración de los números enteros, no puede ser reducida de ninguna manera. Por lo demás, en realidad, el número entero es el único número verdadero, lo que se podría llamar el número puro; y, partiendo de la unidad, la serie de los números enteros va creciendo indefinidamente, sin llegar nunca a un último término cuya suposición, como ya lo hemos visto, es contradictoria; pero no hay que decir que se desarrolla toda entera en un solo sentido, y así el otro sentido opuesto, que sería el de indefinidamente decreciente, no puede encontrar su representación en ella, aunque, desde otro punto de vista, como lo mostraremos más adelante, haya una cierta correlación y una suerte de simetría entre la consideración de las cantidades indefinidamente crecientes y la de las cantidades indefinidamente decrecientes. Sin embargo, nadie se ha atenido a eso, y se ha llegado a considerar diversas suertes de números, diferentes de los números enteros; son, se dice habitualmente, extensiones o generalizaciones de la idea de número, y eso es verdadero de una cierta manera; pero, al mismo tiempo, esas extensiones son también alteraciones de esa idea, y es eso lo que los matemáticos modernos parecen olvidar muy fácilmente, porque su «convencionalismo» les hace desconocer su origen y su razón de ser. De hecho, los números que no son enteros se presentan siempre, ante todo, como la figuración del resultado de operaciones que son imposibles cuando uno se atiene al punto de vista de la aritmética pura, puesto que, en todo rigor, ésta no es más que la aritmética de los números enteros: así, por ejemplo, un número fraccionario no es otra cosa que la representación del resultado de una división que no se efectúa exactamente, es decir, en realidad de una división que se debe llamar aritméticamente imposible, lo que, por lo demás, se reconoce implícitamente al decir, según la terminología matemática ordinaria, que uno de los dos números considerados no es divisible por el otro. Desde ahora hay lugar a observar que la definición que se da comúnmente de los números fraccionarios es absurda: las fracciones no pueden ser de ninguna manera «partes de la unidad», como se dice, ya que la unidad aritmética verdadera es necesariamente indivisible y sin partes; y, por lo demás, es de eso de donde resulta la discontinuidad esencial del número que se forma a partir de ella; pero vamos a ver de dónde proviene esta absurdidad.

En efecto, no es arbitrariamente como se llega a considerar así el resultado de las operaciones de que acabamos de hablar, en lugar de limitarse a considerarlas pura y simplemente como imposibles; de una manera general, eso es a consecuencia de la aplicación que se hace del número, cantidad discontinua, a la medida de magnitudes que, como las magnitudes espaciales por ejemplo, son del orden de la cantidad continua. Entre estos modos de la cantidad, hay una diferencia de naturaleza tal que la correspondencia de la una y la otra no podría establecerse perfectamente; para remediarlo hasta un cierto punto, y en tanto que sea posible al menos, se busca reducir de alguna manera los intervalos de este discontinuo que está constituido por la serie de los números enteros, introduciendo entre sus términos otros números, y primeramente los números fraccionarios, que no tendrían ningún sentido fuera de esta consideración. Desde entonces es fácil comprender que la absurdidad que señalábamos hace un momento, en lo que concierne a la definición de las fracciones, proviene simplemente de una confusión entre la unidad aritmética y lo que se llama las «unidades de medida», unidades que no son tales más que convencionalmente, y que son en realidad magnitudes de otro tipo que el número, concretamente magnitudes geométricas. La unidad de longitud, por ejemplo, no es más que una cierta longitud escogida por razones extrañas a la aritmética, y a la que se hace corresponder el número 1 a fin de poder medir en relación a ella todas las demás longitudes; pero, por su naturaleza misma de magnitud continua, toda longitud, aunque sea representada así numéricamente por la unidad, por eso no es menos divisible siempre e indefinidamente; así pues, al compararla a otras longitudes que no sean múltiplos exactos de ella, se podrá tener que considerar partes de esta unidad de medida, pero que, por eso, no serán de ninguna manera partes de la unidad aritmética; y es sólo así como se introduce realmente la consideración de los números fraccionarios, como representación de relaciones entre magnitudes que no son exactamente divisibles las unas por las otras. La medida de una magnitud no es en efecto otra cosa que la expresión numérica de su relación con otra magnitud de la misma especie tomada como unidad de medida, es decir, en el fondo, como término de comparación; y es por eso por lo que el método ordinario de medida de las magnitudes geométricas se funda esencialmente sobre la división.

Por lo demás, es menester decir que, a pesar de eso, subsiste siempre forzosamente algo de la naturaleza discontinua del número, que no permite que se obtenga así un equivalente perfecto del continuo; pueden reducirse los intervalos tanto como se quiera, es decir, en suma reducirlos indefinidamente, haciéndolos más pequeños que toda cantidad que se haya dado de antemano, pero no se llegará nunca a suprimirlos enteramente. Para hacerlo comprender mejor, tomaremos el ejemplo más simple de un continuo geométrico, es decir, una línea recta: consideremos una semirrecta que se extiende indefinidamente en un cierto sentido[34], y convengamos hacer que corresponda a cada uno de sus puntos el número que expresa la distancia de ese punto al origen; éste será representado por cero, puesto que su distancia a sí mismo es evidentemente nula; a partir de ese origen, los números enteros corresponderán a las extremidades sucesivas de segmentos todos iguales entre sí e iguales a la unidad de longitud; los puntos comprendidos entre éstos no podrán ser representados más que por números fraccionarios, puesto que sus distancias al origen no son múltiplos exactos de la unidad de longitud. Es evidente que a medida de que se tomen números fraccionarios cuyo denominador sea cada vez más grande, y, por consiguiente, cuya diferencia sea cada vez más pequeña, los intervalos entre los puntos a los que corresponden estos números se encontrarán reducidos en la misma proporción; así se puede hacer decrecer estos intervalos indefinidamente, teóricamente al menos, puesto que los denominadores de los números fraccionarios posibles son todos los números enteros, cuya sucesión crece indefinidamente[35]. Decimos teóricamente, porque, de hecho, puesto que la multitud de los números

---

[34] Se verá después, a propósito de la representación geométrica de los números negativos, porque no debemos considerar aquí más que una semirrecta; por lo demás, el hecho de que la serie de los números no se desarrolle más que en un solo sentido, así como lo decíamos más atrás, basta ya para indicar la razón de ello.

[35] Esto será precisado todavía cuando hablemos de los números inversos.

fraccionarios es indefinida, no se podrá llegar nunca a emplearla así toda entera; pero supongamos no obstante que se haga corresponder idealmente todos los números fraccionarios posibles a puntos de la semirrecta considerada: a pesar del decrecimiento indefinido de los intervalos, quedarán todavía en esta línea una multitud de puntos a los que no corresponderá ningún número. Esto puede parecer singular e incluso paradójico a primera vista, y sin embargo es fácil darse cuenta de ello, ya que un tal punto puede ser obtenido por medio de una construcción geométrica muy simple: construyamos el cuadrado que tenga por lado el segmento de recta cuyas extremidades son los puntos cero y uno, y tracemos la diagonal de este cuadrado que parte del origen, y después la circunferencia que tiene el origen como centro y esta diagonal como radio; el punto donde esta circunferencia corta a la semirrecta no podrá ser representado por ningún número entero o fraccionario, puesto que su distancia al origen es igual a la diagonal del cuadrado y puesto que ésta es inconmensurable con su lado, es decir, aquí con la unidad de longitud. Así, la multitud de los números fraccionarios, a pesar del decrecimiento indefinido de sus diferencias, no puede bastar todavía para llenar, si se puede decir, los intervalos entre los puntos contenidos en la línea[36], lo que supone decir que esta multitud no es un equivalente

---

[36] Importa destacar que no decimos los puntos que componen o que constituyen la línea, lo que respondería a una concepción falsa del continuo, así como lo muestran las consideraciones que expondremos más adelante.

real y adecuado del continuo lineal; así pues, para expresar la medida de algunas longitudes, uno está forzado a introducir todavía otros tipos de números, que son lo que se llama los números inconmensurables, es decir, aquellos que no tienen común medida con la unidad. Tales son los números irracionales, es decir, aquellos que representan el resultado de una extracción de raíz aritméticamente imposible, por ejemplo la raíz cuadrada de un número que no es un cuadrado perfecto; es así como, en el ejemplo precedente, la relación de la diagonal del cuadrado con su lado, y por consiguiente el punto cuya distancia al origen es igual a esta diagonal, no pueden ser representados más que por el número irracional $\sqrt{2}$, que es en efecto verdaderamente inconmensurable, ya que no existe ningún número entero o fraccionario cuyo cuadrado sea igual a 2; y, además de estos números irracionales, hay todavía otros números inconmensurables cuyo origen geométrico es evidente, como por ejemplo el número B que representa la relación de la circunferencia con su diámetro.

Sin entrar todavía en la cuestión de la «composición del continuo», se ve pues que el número, cualquiera que sea la extensión que se de a su noción, no le es nunca perfectamente aplicable: esta aplicación equivale en suma siempre a reemplazar el continuo por un discontinuo cuyos intervalos pueden ser muy pequeños, e incluso devenir cada vez más pequeños por una serie indefinida de divisiones sucesivas, pero sin poder ser suprimidos nunca, ya que, en realidad, no hay «últimos elementos» en los que esas divisiones pueden concluir, ya que, por pequeña que sea, siempre queda una cantidad continua indefinidamente divisible. Es a estas divisiones del continuo a lo que responde propiamente la consideración de los números fraccionarios; pero, y eso es lo que importa destacar particularmente, una fracción, por ínfima que sea, es siempre una cantidad determinada, y entre dos fracciones, por poco diferentes que se las suponga la una de la otra, siempre hay un intervalo igualmente determinado. Ahora bien, la propiedad de la divisibilidad indefinida que caracteriza a las magnitudes continuas exige evidentemente que se puedan tomar siempre de ellas elementos tan pequeños como se quiera, y que los intervalos que existen entre esos elementos puedan hacerse también más pequeños que toda cantidad dada; pero además, y es aquí donde aparece la insuficiencia de los números fraccionarios, y podemos decir incluso de todo número cualquiera que sea, esos elementos y esos intervalos, para que haya realmente continuidad, no deben ser concebidos como algo determinado. Por consiguiente, la representación más perfecta de la cantidad continua será obtenida por la consideración de magnitudes, no ya fijas y determinadas como las que acabamos de tratar, sino antes al contrario variables, porque entonces su variación podrá considerarse ella misma como efectuándose de una manera continua; y estas cantidades deberán ser susceptibles de decrecer indefinidamente, por su variación, sin anularse nunca ni llegar a un «mínimo», que no sería menos contradictorio que los «últimos elementos» del continuo: esa es precisamente, como lo veremos, la verdadera noción de las cantidades infinitesimales.

CAPÍTULO V

CUESTIONES PLANTEADAS POR EL MÉTODO INFINITESIMAL

Cuando Leibnitz dio la primera exposición del método infinitesimal[37], e incluso también en otros varios trabajos que siguieron[38], insistió sobre todo en los usos y las aplicaciones del nuevo cálculo, lo que era bastante conforme a la tendencia moderna de atribuir más importancia a las aplicaciones prácticas de la ciencia que a la ciencia misma como tal; por lo demás, sería difícil decir si esta tendencia existía verdaderamente en Leibnitz, o si, en esta manera de presentar su método, no había más que una suerte de concesión por su parte. Sea como sea, para justificar un método, no basta ciertamente mostrar las ventajas que puede tener sobre los demás métodos anteriormente admitidos, y las comodidades que puede proporcionar prácticamente para el cálculo, ni tampoco los resultados que

---

[37] Nova Methodus pro maximis et minimis, itemque tangentibus, quΦ nec fractas nec irrationales quantitates moratur, et singulare pro illis calculi genus, en las Acta eruditorum de Leipzig, 1864.

[38] *De Geometría recondita et Analysi indivisibilium atque infinitorum*, 1886. — Los trabajos siguientes se refieren todos a la solución de problemas particulares.

ha podido dar de hecho; es lo que los adversarios del método infinitesimal no dejaron de hacer valer, y son solo sus objeciones las que decidieron a Leibnitz a explicarse sobre los principios, e incluso sobre los orígenes de su método. Por lo demás, sobre este último punto, es muy posible que nunca lo haya dicho todo, pero eso importa poco en el fondo, ya que, muy frecuentemente, las causas ocasionales de un descubrimiento no son más que circunstancias bastante insignificantes en sí mismas; en todo caso, todo lo que hay que retener para nosotros en las indicaciones que da sobre este punto[39], es que ha partido de la consideración de las diferencias «asignables» que existen entre los números, para pasar de ahí a las diferencias «inasignables» que pueden ser concebidas entre las magnitudes geométricas en razón de su continuidad, y que daba incluso a este orden una gran importancia, como siendo en cierto modo «exigido por la naturaleza de las cosas». De ahí resulta que las cantidades infinitesimales, para él, no se presentan naturalmente a nosotros de una manera inmediata, sino sólo como un resultado del paso de la variación de la cantidad discontinua a la de la cantidad continua, y de la aplicación de la primera a la medida de la segunda.

Ahora bien, ¿cuál es exactamente la significación de estas cantidades infinitesimales cuyo empleo se ha reprochado a

---

[39] En su correspondencia primero, y después en *Historia et origo Calculi differencialis*, 1714.

Leibnitz sin haber definido previamente lo que entendía por ellas?, y, ¿le permitía esa significación considerar su cálculo como absolutamente riguroso, o sólo, al contrario, como un simple método de aproximación? Responder a estas dos preguntas, sería resolver por eso mismo las objeciones más importantes que se le hayan dirigido; pero, desafortunadamente, él nunca lo hizo muy claramente, e incluso sus diversas respuestas no parecen siempre perfectamente conciliables entre sí. Por lo demás, a este propósito, es bueno destacar que Leibnitz tenía, de una manera general, el hábito de explicar diferentemente las mismas cosas según las personas a quienes se dirigía; ciertamente, no somos nosotros quienes le reprochamos esta manera de actuar, irritante solamente para los espíritus sistemáticos, ya que, en principio, con eso no hacía más que conformarse a un precepto iniciático y más particularmente rosacruciano, según el cual conviene hablar a cada uno su propio lenguaje; solamente que a veces le ocurría que le aplicaba bastante mal. En efecto, si es evidentemente posible revestir una misma verdad de diferentes expresiones, entiéndase bien que eso debe hacerse sin deformarla ni menguarla nunca, y que es menester abstenerse siempre cuidadosamente de toda manera de hablar que pudiera dar lugar a concepciones falsas; eso es lo que Leibnitz no ha sabido hacer en muchos casos[40]. Así pues, lleva la

---

[40] En lenguaje rosacruciano, tanto más todavía que el fracaso de sus proyectos de «*characteristica universalis*», se diría que eso prueba que si tenía alguna idea

«acomodación» hasta parecer dar a veces la razón a aquellos que no han querido ver en su cálculo más que un método de aproximación, ya que le ocurre presentarle como no siendo otra cosa que una suerte de abreviado del «método de exhaustión» de los antiguos, propio para facilitar los descubrimientos, pero cuyos resultados deben ser después verificados por ese método si se quiere dar de ellos una demostración rigurosa; y, sin embargo, es muy cierto que ese no era el fondo de su pensamiento, y que, en realidad, veía en su método mucho más que un simple expediente destinado a abreviar los cálculos.

Leibnitz declara frecuentemente que las cantidades infinitesimales no son más que «incomparables», pero, en lo que concierne al sentido preciso en el que debe entenderse esta palabra, le ha ocurrido dar de ella una explicación no solo poco satisfactoria, sino incluso muy deplorable, ya que con ello sólo podía proporcionar armas a sus adversarios, que, por lo demás, no dejaron de servirse de ellas; en eso tampoco ha expresado ciertamente su verdadero pensamiento, y podemos ver en ello otro ejemplo, aún más grave que el precedente, de esa «acomodación» excesiva que hace sustituir una expresión «adaptada» de la verdad por puntos de vista erróneos. En efecto, Leibnitz escribió esto: «Aquí no hay necesidad de tomar el infinito rigurosamente, sino sólo como cuando se dice en óptica que los rayos del sol vienen de un punto

---

teórica de lo que es el «don de lenguas», estaba muy lejos de haberle recibido efectivamente.

infinitamente alejado y así son estimados paralelos. Y cuando hay varios grados de infinito o de infinitamente pequeño, es como el globo de la tierra se estima como un punto respecto a la distancia de las estrellas fijas, y como una bola que manejamos es todavía un punto en comparación con el semidiámetro del globo de la tierra, de suerte que la distancia a las estrellas fijas es como un infinito del infinito en relación al diámetro de la bola. Ya que en lugar de infinito o de infinitamente pequeño, se toman cantidades tan grandes y tan pequeñas como sea menester para que el error sea menor que el error dado, de suerte que no se difiere del estilo de Arquímedes más que en las expresiones que son más directas en nuestro método, y más conformes al arte de inventar»[41]. No se dejó de hacer observar a Leibnitz que, por pequeño que sea el globo de la tierra en relación al firmamento, o un grano de arena en relación al globo de la tierra, por eso no son menos cantidades fijas y determinadas, y que, si una de estas cantidades puede ser considerada como prácticamente desdeñable en comparación con la otra, en eso no se trata, no obstante, más que de una simple aproximación; él respondió que sólo había querido «evitar las sutilezas» y «hacer el razonamiento sensible a todo el mundo»[42], lo que confirma en efecto nuestra interpretación, y lo que, además, es ya como

---

[41] Mémoire de M. G. G. Leibnitz touchant son sentiment sur le Calcul différentiel, en el Journal de Trevoux, 1701.

[42] Carta a Varignon, 2 de febrero de 1702.

una manifestación de la tendencia «vulgarizadora» de los sabios modernos. Lo que es bastante extraordinario, es que haya podido escribir después: «Al menos no había la menor evidencia que debiera hacer juzgar que yo entendía una cantidad muy pequeña en verdad, pero siempre fija y determinada», a lo que agrega: «Además, ya había escrito hace algunos años a M. Bernoulli de Groningue que los infinitos e infinitamente pequeños podían ser tomados por ficciones, semejantes a las raíces imaginarias[43], sin que eso debiera causar perjuicio a nuestro cálculo, puesto que esas ficciones son útiles y están fundadas en realidad»[44]. Por lo demás, parece que no haya visto nunca exactamente en qué era defectuosa la comparación de la que se había servido, ya que la reprodujo también en los mismos términos una decena de años más tarde[45]; pero, puesto que al menos declara expresamente que su intención no ha sido presentar las cantidades infinitesimales como determinadas, debemos concluir de ello que, para él, el sentido de esa comparación se reduce a esto: un grano de arena, aunque no es infinitamente pequeño, puede no obstante, sin inconveniente apreciable, ser considerado como tal en relación a la tierra, y así no hay

---

[43] Las raíces imaginarias son las raíces de los números negativos; hablaremos más delante de la cuestión de los números negativos y de las dificultades lógicas a las que da lugar.

[44] Carta a Varignon, 14 de abril de 1702.

[45] Memoria ya citada más atrás, en las *Acta Eruditorum* de Leipzig, 1712.

necesidad de considerar infinitamente pequeños «en rigor», que uno puede incluso, si se quiere, no considerar más que como ficciones; pero, entiéndase como se quiera, una tal consideración no es por eso menos manifiestamente impropia para dar del cálculo infinitesimal otra idea, ciertamente insuficiente a los ojos de Leibnitz mismo, que la de un simple cálculo de aproximación.

CAPÍTULO VI

LAS «FICCIONES BIEN FUNDADAS»

El pensamiento que Leibnitz expresa de la manera más constante, aunque no lo afirma siempre con la misma fuerza, y aunque incluso a veces, pero excepcionalmente, parece no querer pronunciarse categóricamente a ese respecto, es que, en el fondo, las cantidades infinitas e infinitamente pequeñas no son más que ficciones; pero, agrega, son «ficciones bien fundadas», y, con ello no entiende simplemente que son útiles para el cálculo[46], o incluso para hacer «encontrar verdades reales», aunque le ocurre insistir igualmente sobre esta utilidad; sino que repite constantemente que esas ficciones están «fundadas en la realidad», que tienen *«fundamentun in re»*, lo que implica evidentemente algo más que un valor puramente utilitario; y, en definitiva, para él, este valor mismo debe explicarse por el fundamento que esas ficciones tienen en la realidad. En todo caso, para que el método sea seguro, estima que basta

---

[46] Es en esta consideración de la utilidad práctica donde Carnot ha creído encontrar una justificación suficiente; es evidente que, de Leibnitz a él, la tendencia «pragmatista» de la ciencia moderna se había acentuado ya enormemente.

considerar, no cantidades infinitas e infinitamente pequeñas en el sentido riguroso de estas expresiones, puesto que este sentido riguroso no corresponde a realidades, sino cantidades tan grandes o tan pequeñas como se quiera, o como sean necesarias para que el error sea hecho más pequeño que cualquier cantidad dada; todavía sería menester examinar si es cierto que, como declara, este error es nulo por sí mismo, es decir, si esta manera de considerar el cálculo infinitesimal le da un fundamento perfectamente riguroso, pero tendremos que volver más tarde sobre esta cuestión. Sea lo que sea de este último punto, los enunciados donde figuran las cantidades infinitas e infinitamente pequeñas entran para él en la categoría de las aserciones que, dice, no son más que «*toleranter verae*», o lo que se llamaría (en español) «pasables», y que tienen necesidad de ser «rectificadas» por la explicación que se da de ellas, del mismo modo que cuando se consideran las cantidades negativas como «más pequeñas que cero», y que en muchos otros casos donde el lenguaje de los geómetras implica «una cierta manera de hablar figurada y críptica»[47]; esta última palabra parecería ser una alusión al sentido simbólico y profundo de la geometría, pero esto es algo muy diferente de lo que Leibnitz tiene en vista, y quizás no hay en eso, como ocurre bastante frecuentemente en él, más que el recuerdo de algún dato esotérico más o menos mal comprendido.

---

[47] Memoria ya citada, en las *Acta Eruditorum* de Leipzig, 1712.

En cuanto al sentido en el que es menester entender que las cantidades infinitesimales son «ficciones bien fundadas», Leibnitz declara que «los infinitos e infinitamente pequeños están tan fundados que todo se hace en la geometría, e incluso en la naturaleza, como si fueran perfectas realidades»[48]; para él, en efecto, todo lo que existe en la naturaleza implica de alguna manera la consideración del infinito, o al menos de lo que él cree poder llamar así: «La perfección del análisis de los transcendentes o de la geometría donde entre la consideración de algún infinito, dice, sería sin duda la más importante a causa de la aplicación que se puede hacer de él en las operaciones de la naturaleza, que hace entrar el infinito en todo lo que hace»[49]; pero quizás se deba sólo, es cierto, a que no podemos tener de ellas ideas adecuadas, y porque ahí entran elementos que no percibimos distintamente. Si ello es así, sería menester no tomar demasiado literalmente aserciones como ésta por ejemplo: «Puesto que nuestro método es propiamente esa parte de la matemática general que trata del infinito, es lo que hace que se tenga una gran necesidad de él al aplicar las matemáticas a la física, porque el carácter del Autor infinito entra ordinariamente en las operaciones de la naturaleza»[50]. Pero, si incluso Leibnitz

---

[48] Carta ya citada a Varignon, de 2 de febrero de 1702.

[49] Carta al marqués de l'Hospital, 1693.

[50] *Considération sur la différence qu'il y a entre l'Analyse ordinaire et le nouveau Calcul des transcendantes*, en el *Journal des Sçavans*, 1694.

entiende por esto sólo que la complejidad de las cosas naturales rebasa incomparablemente los límites de nuestra percepción distinta, por ello no es menos cierto que las cantidades infinitas e infinitamente pequeñas deben tener su «*fundamentum in re*»; y este fundamento, que se encuentra en la naturaleza de las cosas, al menos según la manera en la que es concebido por él, no es otra cosa que lo que él llama la «ley de continuidad», que tendremos que examinar un poco más adelante, y que considera, con razón o sin ella, como no siendo en suma más que un caso particular de una cierta «ley de justicia», que se vincula a su vez a la consideración del orden y de la armonía, y que encuentra igualmente su aplicación toda vez que debe observarse una cierta simetría, así como ocurre, por ejemplo, en las combinaciones y permutaciones.

Ahora, si las cantidades infinitas e infinitamente pequeñas no son más que ficciones, y admitiendo incluso que éstas estén realmente «bien fundadas», uno puede preguntarse esto: ¿por qué emplear tales expresiones, que, incluso si pueden considerarse como «*toleranter verae*», por ello no son menos incorrectas? En eso hay algo que presagia ya, se podría decir, el «convencionalismo» de la ciencia actual, aunque con la notable diferencia de que éste ya no se preocupa de ninguna manera de saber si las ficciones a las que recurre están fundadas o no, o, según otra expresión de Leibnitz, si pueden ser interpretadas «*sano sensu*», y ni tan siquiera si tienen una significación cualquiera. Puesto que se puede prescindir de esas cantidades ficticias, y contentarse con considerar en su lugar cantidades que se pueden hacer simplemente tan grandes y tan pequeñas como se quiera, y que, por esta razón pueden llamarse indefinidamente grandes e indefinidamente pequeñas, sin duda habría valido más comenzar por ahí, y evitar así introducir ficciones que, cualquiera que pueda ser su «*fundamentum in re*», no son en suma de ninguna utilidad efectiva, no solo para el cálculo, sino para el método infinitesimal mismo. Las expresiones de «indefinidamente grande» e «indefinidamente pequeño», o, lo que equivale a lo mismo, pero es quizás todavía más preciso, de «indefinidamente creciente» e «indefinidamente decreciente», no sólo tienen la ventaja de ser las únicas que son escrupulosamente exactas; tienen también la de mostrar claramente que las cantidades a las que se aplican no pueden ser más que cantidades variables y no determinadas. Como lo ha dicho con razón un matemático, «lo infinitamente pequeño no es una cantidad muy pequeña, que tiene un valor efectivo, susceptible de determinación; su carácter es ser eminentemente variable y poder tomar un valor más pequeño que todas aquellas que se quisieran precisar; estaría mucho mejor nombrado como indefinidamente pequeño»[51].

---

[51] Ch. de Freycinet, *De l'Analyse infinitésimale*, pp. 21-22. — El autor agrega: «Pero habiendo prevalecido la primera denominación (la de infinitamente pequeño) en el lenguaje, hemos creído deber conservarla». Ese es ciertamente un escrúpulo muy excesivo, ya que el uso no puede bastar para justificar las incorrecciones y las impropiedades del lenguaje, y, si nadie se atreviera nunca a elevarse contra abusos de este género, uno no podría siquiera buscar introducir en los términos más exactitud y precisión que la que implica su empleo ordinario.

El empleo de estos términos habría evitado muchas dificultades y muchas discusiones, y no habría nada de sorprendente en eso, pues no se trata de una simple cuestión de palabras, sino del reemplazo de una idea justa por una idea falsa, de una realidad por una ficción; no habría permitido, concretamente, tomar las cantidades infinitesimales por cantidades fijas y determinadas, ya que la palabra «indefinido» conlleva siempre por sí misma una idea de «devenir», como lo decíamos más atrás, y por consiguiente de cambio o, cuando se trata de cantidades, de variación; y, si Leibnitz se hubiera servido de ella habitualmente, sin duda que no se hubiera dejado arrastrar tan fácilmente a la enojosa comparación del grano de arena. Además, reducir *«infinite parva ad indefinite parva»* hubiera sido en todo caso más claro que reducirles «*ad incomparabiliter parva*»; la precisión habría ganado con ello, sin que la exactitud hubiera tenido nada que perder, muy al contrario. Las cantidades infinitesimales son ciertamente «incomparables» a las cantidades ordinarias, pero eso podría entenderse de más de una manera, y efectivamente se ha entendido bastante frecuentemente en otros sentidos que el que hubiera sido menester; es mejor decir que son «inasignables», según otra expresión de Leibnitz, ya que este término parece no poder entenderse rigurosamente más que de cantidades que son susceptibles de devenir tan pequeñas como se quiera, es decir, más pequeñas que toda cantidad dada, y a las que, por consiguiente, no se puede «asignar» ningún valor determinado, por pequeño que sea, y ese es en efecto el sentido de los «*indefinite parva*». Desafortunadamente, es casi imposible saber si, en el pensamiento de Leibnitz, «incomparable» e «inasignable» son verdadera y completamente sinónimos; pero, en todo caso, es cierto al menos que una cantidad propiamente «inasignable», en razón de la posibilidad de decrecimiento indefinido que conlleva, es por eso mismo «incomparable» con toda cantidad dada, e incluso, para extender esta idea a los diferentes órdenes infinitesimales, con toda cantidad en relación a la cual pueda decrecer indefinidamente, mientras que esa misma cantidad se considera como poseyendo una fijeza al menos relativa.

Si hay un punto sobre el cual todo el mundo puede en suma ponerse de acuerdo fácilmente, incluso sin profundizar más las cuestiones de principios, es que la noción de indefinidamente pequeño, desde el punto de vista puramente matemático al menos, basta perfectamente para el análisis infinitesimal, y los «infinitistas» mismos lo reconocen sin gran esfuerzo[52]. Así pues, a este respecto, uno puede atenerse a una definición como la de Carnot: «¿Qué es una cantidad llamada infinitamente pequeña en matemáticas? Nada más que una cantidad que se puede hacer tan pequeña como se

---

[52] Ver concretamente L. Couturat, *De l'infini mathématique*, p. 265, nota: «Se puede constituir lógicamente el cálculo infinitesimal únicamente sobre la noción de lo indefinido...» — Es cierto que el empleo de la palabra «lógicamente» implica aquí una reserva, ya que, para el autor, se opone a «racionalmente», lo que, por lo demás, es una terminología bastante extraña; la confesión no es menos interesante de retener por ello.

quiera, sin que se esté obligado por eso a hacer variar aquellas cuya relación se busca»[53]. Pero, en lo que concierne a la significación verdadera de las cantidades infinitesimales, toda la cuestión no se limita a eso: para el cálculo, importa poco que los infinitamente pequeños no sean más que ficciones, puesto que uno puede contentarse con la consideración de los indefinidamente pequeños, que no plantea ninguna dificultad lógica; y, por lo demás, desde que, por las razones metafísicas que hemos expuesto al comienzo, no podemos admitir un infinito cuantitativo, ya sea un infinito de magnitud o de pequeñez[54], ni ningún infinito de un orden determinado y relativo cualquiera, es muy cierto que no pueden ser en efecto más que ficciones y nada más; pero, si estas ficciones han sido introducidas, con razón o sin ella, en el origen del cálculo infinitesimal, es porque, en la intención de Leibnitz, debían corresponder no obstante a algo, por defectuosa que sea la manera en que lo expresaban. Puesto que es de los principios de lo que nos ocupamos aquí, y no de un procedimiento de cálculo reducido en cierto modo a sí mismo, lo que carecería de interés para nós, debemos preguntarnos pues, cuál es

---

[53] *Réflexions sur la Métaphysique du Calcul infinitésimal*, p. 7, nota; *ibid.*, p. 20. — El título de esta obra está muy poco justificado, ya que, en realidad, no se encuentra en ella la menor idea de orden metafísico.

[54] La celebérrima concepción de los «dos infinitos» de Pascal es metafísicamente absurda, y no es más que el resultado de una confusión del infinito con lo indefinido, donde se toma éste en los dos sentidos opuestos de las magnitudes crecientes y decrecientes.

justamente el valor de esas ficciones, no sólo desde el punto de vista lógico, sino también desde el punto de vista ontológico, si están tan «bien fundadas» como lo creía Leibnitz, y si podemos decir con él que son *«toleranter verae»* y aceptarlas al menos como tales, *«modo sano sensu intelligantur»*; para responder a estas cuestiones, nos será menester examinar más de cerca su concepción de la «ley de continuidad», puesto que es en ésta donde Leibnitz pensaba encontrar el *«fundamentum in re»* de los infinitamente pequeños.

CAPÍTULO VII

Los «grados de infinitud»

En lo que precede, todavía no hemos tenido la ocasión de ver todas las confusiones que se introducen inevitablemente cuando se admite la idea del infinito en acepciones diferentes de su único sentido verdadero y propiamente metafísico; concretamente, se encontraría más de un ejemplo de ello en la larga discusión que tuvo Leibnitz con Jean Bernoulli sobre la realidad de las cantidades infinitas e infinitamente pequeñas, discusión que, por lo demás, no resultó en ninguna conclusión definitiva, y que no podía hacerlo, debido a esas confusiones mismas cometidas a cada instante tanto por uno como por otro, y a la falta de principios de la que procedían; por lo demás, en cualquier orden de ideas que uno se coloque, siempre es la falta de principios lo único que hace que las cuestiones sean insolubles. Uno puede sorprenderse, entre otras cosas, de que Leibnitz haya hecho una diferencia entre «infinito» e «interminado», y que así no haya rechazado absolutamente la idea, no obstante manifiestamente contradictoria, de un «infinito terminado», aunque llega hasta preguntarse «si es posible que exista por ejemplo una línea recta infinita, y no obstante terminada por una parte y por otra»[55]. Sin duda, le repugna admitir esta posibilidad, «tanto más cuanto que me ha parecido, dice, que el infinito tomado rigurosamente debe tener su fuente en lo interminado, sin lo cual no veo medio de encontrar un fundamento propio para distinguirle de lo finito»[56]. Pero, si se dice, de una manera más afirmativa que la suya, que «el infinito tiene su fuente en lo interminado», es porque todavía no se le considera como siéndole absolutamente idéntico, porque se le distingue de lo interminado en una cierta medida; y, mientras ello es así, se corre el riesgo de encontrarse detenido por una muchedumbre de ideas extrañas y contradictorias. Estas ideas, es cierto, Leibnitz declara que no las admitiría gustosamente, y que sería menester que fuera «forzado a ello con demostraciones indudables»; pero ya es bastante grave darles una cierta importancia, e incluso poder considerarlas de otro modo que como puras imposibilidades; en lo que concierne, por ejemplo, a la idea de una suerte de «eternidad terminada», que está entre las que enuncia a este propósito, no podemos ver en eso más que el producto de una confusión entre la noción de la eternidad y la de la duración, que es absolutamente injustificable desde el punto de vista de la metafísica. Admitimos muy bien que el tiempo en el que transcurre nuestra vida corpórea sea realmente indefinido, lo

---

[55] Carta a Jean Bernoulli, 18 de noviembre de 1698.

[56] Carta ya citada a Varignon, 2 de febrero de 1702.

que no excluye de ninguna manera que esté «terminado por una parte y por otra», es decir, que tenga a la vez un origen y un fin, conformemente a la concepción cíclica tradicional; admitimos también que existen otros modos de duración, como el que los escolásticos llamaban *aevum*, cuya indefinidad es, si se puede expresar así, indefinidamente más grande que la de este tiempo; pero todos estos modos, en toda su extensión posible, no son no obstante más que indefinidos, puesto que se trata siempre de condiciones particulares de existencia, propias a tal o a cual estado, y ninguno de ellos, por eso mismo de que es una duración, es decir, de que implica una sucesión, puede ser identificado o asimilado a la eternidad, con la que no tiene realmente más relación que la que tiene lo finito, bajo cualquier modo que sea, con el Infinito verdadero, ya que la concepción de una eternidad relativa no tiene más sentido que la de un infinito relativo. En todo esto, no hay lugar a considerar más que diversos órdenes de indefinidad, así como se verá mejor aún a continuación; pero Leibnitz, a falta de haber hecho las distinciones necesarias y esenciales, y a falta sobre todo de haber planteado el único principio que no le habría permitido extraviarse nunca, encuentra muchas dificultades para refutar las opiniones de Bernoulli, que le cree incluso, hasta tal punto sus respuestas son equívocas y vacilantes, menos alejado de lo que está en realidad de sus propias ideas sobre la «infinitud de los mundos» y los diferentes «grados de infinitud».

Esta concepción de los pretendidos «grados de infinitud» equivale a suponer en suma que pueden existir mundos incomparablemente más grandes y más pequeños que el nuestro, en los que las partes correspondientes de cada uno de ellos, guardan entre sí proporciones equivalentes, de tal suerte que los habitantes de uno cualquiera de estos mundos podrían considerarle como infinito con tanta razón como lo hacemos nosotros al respecto del nuestro; pero, por nuestra parte, diríamos más bien con tan poca razón. Una manera tal de considerar las cosas no tendría *a priori* nada de absurdo sin la introducción de la idea del infinito, que ciertamente no tiene nada que hacer ahí: cada uno de esos mundos, por grande que se le suponga, por eso no está menos limitado, y entonces, ¿cómo se les puede llamar infinito? La verdad es que ninguno de ellos puede serlo realmente, aunque no sea más que porque son concebidos como múltiples, ya que aquí volvemos de nuevo a la contradicción de una pluralidad de infinitos; y por lo demás, si les ocurre a algunos e incluso a muchos considerar nuestro mundo como tal, por eso no es menos cierto que esta aserción no puede ofrecer ningún sentido aceptable. Por otra parte, uno puede preguntarse si son en efecto mundos diferentes, o si no son más bien, simplemente, partes más o menos extensas de un mismo mundo, puesto que, por hipótesis, deben estar todos sometidos a las mismas condiciones de existencia, y concretamente a la condición espacial, que se desarrolla a una escala simplemente aumentada o disminuida. Es en un sentido muy diferente de ese como se puede hablar verdaderamente, no de la infinitud, sino de la indefinidad de los mundos, y se puede hablar así porque, fuera de las condiciones de existencia, tales como el espacio y el tiempo, que son propias a nuestro mundo considerado en toda la extensión de la que es susceptible, hay una indefinidad de otros mundos igualmente posibles; un mundo, es decir, en suma un estado de existencia, se definirá así por el conjunto de las condiciones a las que está sometido, pero, por eso mismo de que estará siempre condicionado, es decir, determinado y limitado, y porque desde entonces no comprenderá todas las posibilidades, no podrá ser considerado nunca como infinito, sino sólo como indefinido[57].

En el fondo, la consideración de los «mundos», en el sentido en el que la entiende Bernoulli, es decir, incomparablemente más grandes y más pequeños los unos en relación a los otros, no es extremadamente diferente de aquella a la que Leibnitz ha recurrido cuando considera «el firmamento en relación a la tierra, y la tierra en relación a un grano de arena», y éste en relación a «una partícula de materia magnética que pasa a través del vidrio». Únicamente, Leibnitz no pretende hablar aquí de «*gradus infinitatis*» en el sentido propio; pretende mostrar incluso, al contrario, que «aquí no se tiene necesidad de tomar el infinito rigurosamente», y se contenta con considerar «incomparables», contra lo cual no puede objetársele nada lógicamente. El defecto de su comparación es de un orden muy diferente, y consiste, como

---

[57] Sobre este punto ver Los Estados múltiples del ser.

ya lo hemos dicho, en que no podía dar más que una idea inexacta, incluso completamente falsa, de las cantidades infinitesimales tales como se introducen en el cálculo. A continuación tendremos la ocasión de sustituir esta consideración por la de los verdaderos grados múltiples de indefinidad, tomada tanto en el orden creciente como en el orden decreciente; no insistiremos pues más en ello por el momento.

En suma, la diferencia entre Bernoulli y Leibnitz, es que, para el primero, se trata verdaderamente de «grados de infinitud», aunque no los da más que como una conjetura probable, mientras que el segundo, que duda de su probabilidad e incluso de su posibilidad, se limita a reemplazarlos por lo que se podría llamar «grados de incomparabilidad». Aparte de esta diferencia, por lo demás ciertamente muy importante, la concepción de una serie de mundos semejantes entre sí, pero a escalas diferentes, les es común; esta concepción no deja de tener una cierta relación, al menos ocasional, con los descubrimientos debidos al empleo del microscopio, en la misma época, y con algunas opiniones que estos descubrimientos sugirieron entonces, pero que no fueron justificadas de ninguna manera por las observaciones ulteriores, como la teoría del «encajamiento de los gérmenes»: no es cierto que, en el germen, el ser vivo está actual y corporalmente «preformado» en todas sus partes, y la organización de una célula no tiene ninguna semejanza con la del conjunto del cuerpo del que ella es un elemento. En lo que concierne a Bernoulli al menos, no parece dudoso que, de hecho, sea ese el origen de su concepción; a este respecto, entre otras cosas muy significativas, dice en efecto que las partículas de un cuerpo coexisten en el todo «como, según Harvey y otros, pero no según Leuwenhœck, hay en un animal innumerables óvulos, en cada óvulo un animálculo o varios, en cada animálculo también innumerables óvulos, y así hasta el infinito»[58]. En cuanto a Leibnitz, hay verosímilmente en él algo muy diferente en el punto de partida: a saber, la idea de que todos los astros que vemos podrían no ser más que elementos del cuerpo de un ser incomparablemente grande que nos recuerda la concepción del «Gran Hombre» de la Kabbala, pero singularmente materializado y «espacializado», por una suerte de ignorancia del verdadero valor analógico del simbolismo tradicional; del mismo modo, la idea del «animal», es decir, del ser vivo, que subsiste corporalmente después de la muerte, pero «reducido a pequeño», está inspirada manifiestamente en la concepción del *Luz* o «núcleo de inmortalidad» según la tradición judaica[59], concepción que Leibnitz deforma igualmente al ponerla en relación con la de los mundos incomparablemente más pequeños que el nuestro, ya que, dice, «nada impide que los animales al morir sean transferidos a tales mundos; yo pienso en efecto que la muerte no es nada más que una contracción del animal, del mismo modo que la generación

---

[58] Carta del 23 de julio de 1698.

[59] Ver *El Rey del Mundo*, pp. 87-90, ed. francesa.

no es nada más que una evolución»[60], tomando aquí esta última palabra simplemente en su sentido etimológico de «desarrollo». Todo eso no es, en el fondo, más que un ejemplo del peligro que hay en querer hacer concordar nociones tradicionales con las opiniones de la ciencia profana, lo que no puede hacerse más que en detrimento de las primeras; éstas eran ciertamente muy independientes de las teorías suscitadas por las observaciones microscópicas, y Leibnitz, al relacionar y al mezclar las unas con las otras, actuaba ya como debían hacerlo más tarde los ocultistas, que se complacen muy especialmente en esta suerte de aproximaciones injustificadas. Por otra parte, la superposición de los «incomparables» de órdenes diferentes le parecía conforme a su concepción del «mejor de los mundos», como proporcionando un medio de colocar en él, según la definición que da de él, «tanto ser o realidad como es posible»; y esta idea del «mejor de los mundos» proviene todavía, ella también, de otro dato tradicional mal aplicado, dato tomado a la geometría simbólica de los Pitagóricos, así como ya lo hemos indicado en otra parte[61]: la circunferencia es, de todas las líneas de igual longitud, la que envuelve la superficie máxima, y del mismo modo la esfera es, de todos los cuerpos de igual superficie, el que contiene el volumen máximo, y esa

---

[60] Carta ya citada a Jean Bernoulli, 18 de noviembre de 1698.

[61] *El Simbolismo de la Cruz*, p. 58, ed. francesa. — Sobre la distinción de los «posibles» y de los «composibles», de la que depende la concepción del «mejor de los mundos», ver *Los Estados múltiples del Ser*, cap. II.

es una de las razones por las que estas figuras eran consideradas como las más perfectas; pero, si a este respecto hay un máximo, no hay un mínimo, es decir, que no existen figuras que encierren una superficie mínima o un volumen más pequeño que todas las demás, y es por eso por lo que Leibnitz ha sido conducido a pensar que, si hay un «mejor de los mundos», no hay un «peor de los mundos», es decir, un mundo que contenga menos ser que cualquier otro mundo posible. Por lo demás, se sabe que es a esta concepción del «mejor de los mundos», al mismo tiempo que a la de los «incomparables», a la que se refieren sus comparaciones bien conocidas del «jardín lleno de plantas» y del «estanque lleno de peces», donde «cada rama de la planta, cada miembro del animal, cada gota de sus humores es también un tal jardín o un tal estanque»[62]; y esto nos conduce naturalmente a abordar otra cuestión conexa, que es la de la «división de la materia al infinito».

---

[62] *Monadologie*, 67; cf. *ibid.*, 74.

CAPÍTULO VIII

«DIVISIÓN AL INFINITO»
O DIVISIBILIDAD INDEFINIDA

Para Leibnitz, la materia no sólo es divisible, sino que está «subdividida efectivamente sin fin» en todas sus partes, «cada parte en partes, de las que cada una tiene algún movimiento propio»[63]; y sobre todo es en este punto de vista en lo que insiste para apoyar teóricamente la concepción que hemos expuesto en último lugar: «Se sigue de la división efectiva que, en una parte de la materia, por pequeña que sea, hay como un mundo que consiste en criaturas innumerables»[64]. Bernoulli admite igualmente esta división efectiva de la materia *«in partes numero infinitas»*, pero saca de ello unas consecuencias que Leibnitz no acepta: «Si un cuerpo finito, dice, tiene partes infinitas en número, yo siempre he creído y creo todavía que la más pequeña de esas partes debe tener con el todo una relación inasignable o infinitamente pequeña»[65]; a lo cual

---

[63] Monadologie, 65.

[64] Carta a Jean Bernoulli, 12-22 de julio de 1698.

[65] Carta ya citada del 23 de julio de 1698.

Leibnitz responde: «Incluso si se concede que no hay ninguna porción de la materia que no esté efectivamente dividida, no obstante no se llega a elementos indivisibles, o a partes más pequeñas que todas las demás, o infinitamente pequeñas, sino sólo a partes siempre más pequeñas, que son no obstante cantidades ordinarias, del mismo modo que, al aumentar, se llega a cantidades siempre más grandes»[66]. Así pues, es la existencia de las «*minimae portiones*», o de los «últimos elementos», lo que Leibnitz contesta; al contrario, para Bernoulli, parece claro que la división efectiva implica la existencia simultánea de todos los elementos, del mismo modo que, si se da una serie «infinita», todos los términos que la constituyen deben darse simultáneamente, lo que implica la existencia del «*terminus infinitesimus*». Pero, para Leibnitz, la existencia de este término no es menos contradictoria que la de un «número infinito», y la noción del más pequeño de los números, o de la «*fractio omnium infima*», no lo es menos que la del más grande de los números; lo que él considera como la «infinitud» de una serie se caracteriza por la imposibilidad de llegar a un último término, y del mismo modo, la materia no estaría dividida «al infinito» si esta división pudiera acabarse alguna vez y desembocar en «últimos elementos»; y no es solo que no podamos llegar de hecho a esos últimos elementos, como lo concede Bernoulli, sino más bien que no deben existir en la naturaleza. No hay elementos corporales indivisibles, o «átomos» en el sentido

---

[66] Carta del 29 de julio de 1698.

propio de la palabra, como no hay, en el orden numérico, fracción indivisible y que no pueda dar nacimiento a fracciones siempre más pequeñas, o como no hay, en el orden geométrico, elemento lineal que no pueda dividirse en elementos más pequeños.

En el fondo, el sentido en el que Leibnitz toma en todo esto la palabra «infinito» es exactamente aquel en el que habla, como lo hemos visto, de una «multitud infinita»: para él, decir de una serie cualquiera, así como de la sucesión de los números enteros, que es infinita, no quiere decir que debe desembocar en un «*terminus infinitesimus*» o en un «número infinito», sino que, al contrario, no debe tener un último término, porque los términos que comprende son «*plus quam numero designari possint*», o porque constituyen una multitud que sobrepasa todo número. Del mismo modo, si se puede decir que la materia es divisible al infinito, es porque una cualquiera de sus porciones, por pequeña que sea, envuelve siempre una tal multitud; en otros términos, la materia no tiene «*partes minimae*» o elementos simples, puesto que es esencialmente un compuesto: «Es cierto que las substancias simples, es decir, que no son seres por agregación, son verdaderamente indivisibles, pero son inmateriales, y no son más que principios de acción»[67]. Es en el sentido de una multitud innumerable, que por lo demás es el más habitual en Leibnitz, donde la idea del supuesto infinito puede

---

[67] Carta a Varignon, 20 de junio de 1702.

aplicarse a la materia, a la extensión geométrica, y en general al continuo, considerado bajo la relación de su composición; por lo demás, este sentido no es propio exclusivamente al «*infinitum continuum*», y se extiende también al «*infinitum discretum*», como lo hemos visto por el ejemplo de la multitud de todos los números y por el de las «series infinitas». Es por eso por lo que Leibnitz podía decir que una magnitud es infinita porque es «inagotable», lo que hace «que se pueda tomar siempre una magnitud tan pequeña como se quiera»; y «permanece cierto por ejemplo que 2 sea tanto como $\frac{1}{1}+\frac{1}{2}+\frac{1}{4}+\frac{1}{8}+\frac{1}{16}+\frac{1}{32}+$ etc., lo que es una serie infinita, en la que todas las fracciones cuyos numeradores son 1 y cuyos denominadores en progresión geométrica doble están comprendidos todos a la vez, aunque no se emplean en ella siempre más que números ordinarios, y aunque no se haga entrar en ella ninguna fracción infinitamente pequeña, o cuyo denominador sea un número infinito»[68] Además, lo que acaba de decirse permite comprender como Leibnitz, aunque afirma que el infinito, en el sentido en que él lo entiende, no es un todo, no obstante puede aplicar esta idea al continuo: un conjunto continuo, como un cuerpo cualquiera, constituye efectivamente un todo, e incluso lo que hemos llamado más atrás un todo verdadero, lógicamente anterior a sus partes e independiente de éstas, pero, evidentemente, es siempre finito como tal; así pues, no es bajo la relación del todo como

---

[68] Carta ya citada a Varignon, 2 de febrero de 1702.

Leibnitz puede llamarle infinito, sino solo bajo la relación de las partes en las que está dirigido o puede estar dividido, y en tanto que la multitud de esas partes sobrepasa efectivamente todo número asignable: eso es lo que se podría llamar una concepción analítica del infinito, debido a que, en efecto, no es más que analíticamente como la multitud de la que se trata es inagotable, así como lo explicaremos más adelante.

Si ahora nos preguntamos lo que vale la idea de la «división al infinito», es menester reconocer que, como la de la «multitud infinita», contiene una cierta parte de verdad, aunque la manera en la que se expresa esté lejos de estar al abrigo de toda crítica: primeramente, no hay que decir que, según todo lo que hemos expuesto hasta aquí, no puede haber de ninguna manera una división al infinito, sino solo una división indefinida; por otra parte, es menester aplicar esta idea, no a la materia en general, lo que no tiene quizás ningún sentido, sino solo a los cuerpos, o a la materia corporal si tenemos que hablar aquí de «materia» a pesar de la extrema obscuridad de esta noción y de los múltiples equívocos a los que da lugar[69]. En efecto, es a la extensión, y no a la materia, en cualquier acepción que se la entienda, a quien pertenece en propiedad la divisibilidad, y no se podrían confundir aquí la una y la otra más que a condición de adoptar la concepción cartesiana que hace consistir la naturaleza de los cuerpos esencial y únicamente en la extensión, concepción que, por lo

---

[69] Sobre este punto, ver El Reino de la Cantidad y los Signos de los Tiempos.

demás, Leibnitz no admitía tampoco; así pues, si todo cuerpo es necesariamente divisible, es porque es extenso, y no porque es material. Ahora bien, recordémoslo todavía, puesto que la extensión es algo determinado, no puede ser infinita, y desde entonces, no puede implicar evidentemente ninguna posibilidad que sea más infinita de lo que es ella misma; pero, como la divisibilidad es una cualidad inherente a la naturaleza de la extensión, su limitación no puede venir más que de esta naturaleza misma: mientras hay extensión, esta extensión es siempre divisible, y así puede considerarse la divisibilidad como realmente indefinida, y esta indefinidad misma como condicionada por la extensión. Por consiguiente, la extensión, como tal, no puede estar compuesta de elementos indivisibles, ya que esos elementos, para ser verdaderamente indivisibles, deberían ser inextensos, y una suma de elementos inextensos no puede constituir nunca una extensión, como tampoco una suma de ceros puede constituir nunca un número; por eso es por lo que, así como lo hemos explicado en otra parte[70], los puntos no son elementos o partes de una línea, y los verdaderos elementos lineales son siempre distancias entre puntos, que son sólo sus extremidades. Por lo demás, es así como Leibnitz mismo consideraba las cosas a este respecto, y lo que, según él, constituye precisamente la diferencia fundamental entre su método infinitesimal y el «método de los indivisibles» de Cavalieri, es que él no considera una línea como compuesta de puntos, ni una superficie como

---

[70] El simbolismo de la Cruz, cap. XVI.

compuesta de líneas, ni un volumen como compuesto de superficies: puntos, líneas y superficies no son aquí más que límites o extremidades, no elementos constitutivos. Es evidente en efecto que los puntos, multiplicados por cualquier cantidad que sea, no podrían producir nunca una longitud, puesto que son rigurosamente nulos bajo el aspecto de la longitud; los verdaderos elementos de una magnitud deben ser siempre de la misma naturaleza que esta magnitud, aunque incomparablemente menores: es lo que no tiene lugar con los «indivisibles», y, por otra parte, es lo que permite observar en el cálculo infinitesimal una cierta ley de homogeneidad que supone que las cantidades ordinarias y las cantidades infinitesimales, aunque incomparables entre sí, son no obstante magnitudes de la misma especie.

Desde este punto de vista, se puede decir también que la parte, cualquiera que sea, debe conservar siempre una cierta «homogeneidad» o conformidad de naturaleza con el todo, al menos en tanto que se considere que este todo pueda ser reconstituido por medio de sus partes por un procedimiento comparable al que sirve a la formación de una suma aritmética. Por lo demás, esto no quiere decir que no haya nada simple en la realidad, ya que el compuesto puede estar formado, a partir de los elementos, de una manera completamente diferente de esa; pero entonces, a decir verdad, esos elementos ya no son propiamente «partes», y, así como lo reconocía Leibnitz, no pueden ser de ninguna manera de orden corporal. Lo que es cierto, en efecto, es que no se puede llegar a elementos simples, es decir, indivisibles, sin salir de esta condición especial que es la extensión, de suerte que ésta no puede resolverse en tales elementos sin cesar de ser en tanto que extensión. De eso resulta inmediatamente que no pueden existir elementos corporales indivisibles, y que esta noción implica contradicción; en efecto, semejantes elementos deberían ser inextensos, y entonces ya no serían corporales, ya que, por definición misma, quien dice corporal dice forzosamente extenso, aunque, por lo demás, ese no sea toda la naturaleza de los cuerpos; y así, a pesar de todas las reservas que debemos hacer bajo otros aspectos, Leibnitz tiene enteramente razón al menos contra el atomismo.

Pero, hasta aquí, no hemos hablado más que de divisibilidad, es decir, de posibilidad de división; ¿sería menester ir más lejos y admitir con Leibnitz una «división efectiva»? Esta idea tampoco está exenta de contradicción, ya que equivale a suponer un indefinido enteramente realizado, y, por eso, es contraria a la naturaleza misma de lo indefinido, que es ser siempre, como lo hemos dicho, una posibilidad en vía de desarrollo, y, por consiguiente, implicar esencialmente algo de inacabado, de todavía no completamente realizado. Por lo demás, no hay verdaderamente ninguna razón para hacer una tal suposición, ya que, cuando estamos en presencia de un conjunto continuo, es el todo el que se nos da, pero no se nos dan las partes en las que puede ser dividido, y entonces sólo concebimos que nos es posible dividir ese todo en partes que se podrán hacer cada vez más pequeñas, para devenir menores que cualquier magnitud dada siempre que la división se lleve suficientemente lejos; así pues, de hecho somos nosotros quienes realizaremos las partes a medida que efectuamos esa división. Así, lo que nos dispensa de suponer la «división efectiva», es la distinción que hemos establecido precedentemente al respecto de las diferentes maneras en las que puede considerarse un todo: un conjunto continuo no es el resultado de las partes en las que es divisible, sino que, al contrario, es independiente de ellas, y por consiguiente, el hecho de que se nos da como todo no implica de ninguna manera la existencia efectiva de esas partes.

Del mismo modo, desde otro punto de vista, y pasando a la consideración del discontinuo, podemos decir que, si se nos da una serie numérica indefinida, eso no implica de ninguna manera que se nos den distintamente todos los términos que comprende, lo que es una imposibilidad por eso mismo de que es indefinida; en realidad, dar una tal serie, es simplemente dar la ley que permite calcular el término que ocupa en la serie un rango determinado cualquiera que sea[71].

---

[71] Cf. L. Couturat, *De l'infini mathématique*, p. 467: «La sucesión natural de los números se da toda entera por su ley de formación, así como, por lo demás, todas las demás sucesiones y series infinitas, a las que una fórmula de recurrencia basta, en general, para definir enteramente, de tal suerte que su límite o su suma (cuando existe) se encuentra por eso completamente determinado... Es gracias a la ley de formación de la sucesión natural por lo que nosotros tenemos la idea de todos los números enteros, y en este sentido se dan todos juntos en esa ley». — Se puede decir en efecto que la fórmula general que expresa el término n^e de una serie contiene potencial e implícitamente, pero no efectiva y distintamente, todos los términos de esta serie, puesto que se puede sacar de ella uno cualquiera de entre ellos dando a n el valor correspondiente al rango que este término debe ocupar en

Si Leibnitz hubiera dado esta respuesta a Bernoulli, su discusión sobre la existencia del «*terminus infinitesimus*» habría acabado inmediatamente por eso mismo; pero no habría podido responder así sin ser llevado lógicamente a renunciar a su idea de la «división efectiva», a menos de negar toda correlación entre el modo continuo de la cantidad y su modo discontinuo.

Sea como sea, en lo que concierne al discontinuo al menos, es precisamente en la «indistinción» de las partes donde podemos ver la raíz de la idea de infinito tal como la comprende Leibnitz, puesto que, como lo hemos dicho más atrás, esta idea implica siempre para él una cierta parte de confusión; pero esta «indistinción», lejos de suponer una división realizada, tendería al contrario a excluirla, incluso a falta de las razones completamente decisivas que hemos indicado hace un momento. Por consiguiente, si la teoría de Leibnitz es justa en tanto que se opone al atomismo, por otra parte, para que se corresponda a la verdad, es menester rectificarla reemplazando la «división de la materia al infinito» por la «divisibilidad indefinida de la extensión»; en su expresión más breve y más precisa, ese es el resultado en el que desembocan en definitiva todas las consideraciones que acabamos de exponer.

---

la serie; pero, contrariamente a lo que pensaba L. Couturat, eso no es ciertamente lo que quería decir Leibnitz «cuando sostenía la infinitud efectiva de la sucesión natural de los números».

CAPÍTULO IX

Indefinidamente creciente e indefinidamente decreciente

Antes de continuar el examen de las cuestiones que se refieren propiamente al continuo, debemos volver de nuevo sobre lo que se ha dicho más atrás de la inexistencia de una «*fractio omnium infima*», lo que nos permitirá ver cómo la correlación o la simetría que existe bajo ciertos aspectos entre las cantidades indefinidamente crecientes y las cantidades indefinidamente decrecientes es susceptible de ser representada numéricamente. Hemos visto que, en el dominio de la cantidad discontinua, en tanto que no se tenga que considerar más que la sucesión de los números enteros, éstos deben ser mirados como creciendo indefinidamente a partir de la unidad, pero que, puesto que la unidad es esencialmente indivisible, evidentemente no puede plantearse un decrecimiento indefinido; si se tomaran los números en el sentido decreciente, uno se encontraría detenido necesariamente en la unidad misma, de suerte que la representación de lo indefinido por los números enteros está limitada a un solo sentido, que es el de lo indefinidamente creciente. Por el contrario, cuando se trata de la cantidad continua, se pueden considerar cantidades tanto indefinidamente decrecientes como indefinidamente crecientes; y la misma cosa se produce en la cantidad discontinua misma tan pronto como, para traducir esta posibilidad, se introduce en ella la consideración de los números fraccionarios. En efecto, se puede considerar una sucesión de fracciones que decrecen indefinidamente, es decir, que por pequeña que sea una fracción, siempre se puede formar una más pequeña que ella, y este decrecimiento no puede desembocar nunca en una «*fractio minima*», como tampoco el crecimiento de los números enteros puede desembocar nunca en un «*numerus maximus*».

Para hacer evidente, por la representación numérica, la correlación de lo indefinidamente creciente y de lo indefinidamente decreciente, basta considerar, al mismo tiempo que la sucesión de los números enteros, la de sus números inversos: se dice que un número es inverso de otro cuando su producto por éste es igual a la unidad, y por esta razón, el inverso del número n se representa por la notación $\frac{1}{n}$. Mientras que la sucesión de los números enteros va creciendo indefinidamente a partir de la unidad, la sucesión de sus inversos va decreciendo continuamente a partir de esa misma unidad, que es ella misma su propio inverso, y que es así el punto de partida común de las dos series; a cada número de una de las series le corresponde un número de la otra e inversamente, de suerte que estas dos series son igualmente indefinidas, y que lo son exactamente de la misma manera, aunque en sentido contrario. El inverso de un número es evidentemente tanto más pequeño cuanto más grande es ese número, puesto que su producto permanece siempre constante; por grande que sea un número N, el número N+1 será todavía más grande, en virtud de la ley misma de formación de la serie indefinida de los números enteros; y del mismo modo, por pequeño que sea un número $\frac{1}{N}$, el número $\frac{1}{N+1}$ será todavía más pequeño; es lo que prueba concretamente la imposibilidad del «más pequeño de los números», cuya noción no es menos contradictoria que la del «más grande de los números», ya que, si no es posible detenerse en un número determinado en el sentido creciente, no lo será tampoco detenerse en el sentido decreciente. Por otra parte, como esta correlación que se observa en el continuo numérico se presenta primero como una consecuencia de la aplicación de este discontinuo al continuo, así como lo hemos dicho cuando hemos hablado de los números fraccionarios, cuya introducción supone naturalmente, no puede más que traducir a su manera, condicionada necesariamente por la naturaleza del número, la correlación que existe, en el continuo mismo, entre lo indefinidamente creciente y lo indefinidamente decreciente. Así pues, cuando se consideran las cantidades continuas como susceptibles de devenir tan grandes y tan pequeñas como se quiera, es decir, más grandes y más pequeñas que toda cantidad determinada, hay lugar a observar siempre la simetría, y, se podría decir, en cierto modo el paralelismo que ofrecen entre sí estas dos variaciones inversas; esta precisión nos ayudará a comprender mejor, a continuación, la posibilidad de los diferentes órdenes de cantidades infinitesimales.

Es bueno precisar que, aunque el símbolo $\frac{1}{n}$ evoca la idea de los números fraccionarios, y aunque de hecho saca incontestablemente su origen de ellos, no es necesario que los inversos de los números enteros sean definidos aquí como tales, y esto con el fin de evitar el inconveniente que presenta la noción ordinaria de los números fraccionarios desde el punto de vista propiamente aritmético, es decir, la concepción de las fracciones como «partes de la unidad». En efecto, basta considerar las dos series como constituidas por números respectivamente más grandes y más pequeños que la unidad, es decir, como dos órdenes de magnitudes que tienen en ésta su común límite, al mismo tiempo que pueden ser consideradas la una y la otra como salidas igualmente de esta unidad, que es verdaderamente la fuente primera de todos los números; además, si se quisieran considerar estos dos conjuntos indefinidos como formando una sucesión única, se podría decir que la unidad ocupa exactamente el medio en esta sucesión de los números, puesto que, como lo hemos visto, hay exactamente tantos números en uno de estos conjuntos como en el otro. Por otra parte, si, para generalizar más, se quisiera introducir los números fraccionarios propiamente dichos, en lugar de considerar sólo la serie de los números enteros y la de sus inversos, no habría cambiado nada en cuanto a la simetría de las cantidades crecientes y de las cantidades decrecientes: se tendrían por un lado todos los números más grandes que la unidad, y por el otro todos los números más pequeños que la unidad; aquí también, a todo número $\frac{a}{b} > 1$, le correspondería en el otro grupo un número $\frac{b}{a} < 1$, y recíprocamente, de tal manera que $\frac{a}{b} \times \frac{b}{a} = 1$, del mismo modo que se tenía hace un momento $n \times \frac{1}{n} = 1$, y así siempre habría exactamente los mismos números en uno y otro de estos dos grupos indefinidos separados por la unidad; por lo demás, debe entenderse bien que, cuando nosotros decimos «los mismos números», eso significa que hay dos multitudes que se corresponden término a término, pero sin que esas multitudes mismas puedan considerarse de ninguna manera por eso como «numerables». En todos los casos, el conjunto de dos números inversos, al multiplicarse el uno por el otro, reproduce siempre la unidad de la que han salido; se puede decir también que la unidad, al ocupar el medio entre los dos grupos, y al ser el único número que puede considerarse como perteneciendo a la vez al uno y al otro[72],

---

[72] Según la definición de los números inversos, la unidad se presenta por un lado bajo la forma 1 y por otro bajo la forma $\frac{1}{1}$, de tal suerte que $1 \times \frac{1}{1} = 1$; pero, como por otra parte $\frac{1}{1} = 1$, es la misma unidad la que se representa bajo dos formas diferentes, y la que, por consiguiente, como lo decíamos más atrás, es ella misma su propio inverso.

de suerte que, en realidad, sería más exacto decir que los une más bien que los separa, corresponde al estado de equilibrio perfecto, y que contiene en sí misma todos los números, que han salido de ella por parejas de números inversos o complementarios, constituyendo cada una de estas parejas, por el hecho mismo de este complementarismo, una unidad relativa en su indivisible dualidad[73]; pero volveremos un poco más adelante sobre esta última consideración y sobre las consecuencias que implica.

En lugar de decir que la serie de los números enteros es indefinidamente creciente y la de sus inversos indefinidamente decreciente, se podría decir también, en el mismo sentido, que los números tienden así por una parte hacia lo indefinidamente grande y por la otra hacia lo indefinidamente pequeño, a condición de entender por esto los límites mismos del dominio en el cual se consideran estos números, ya que una cantidad variable no puede tender más que hacia un límite. En suma, el dominio del que se trata es el de la cantidad numérica considerada en toda la extensión de la que es susceptible[74]; esto equivale a decir también que

---

[73] Decimos indivisible porque, desde que existe uno de los dos números que forman tal pareja, el otro existe también necesariamente por eso mismo.

[74] No hay que decir que los números inconmensurables, bajo la relación de la magnitud, se intercalan necesariamente entre los números ordinarios, enteros o fraccionarios según sean más grandes o más pequeños que la unidad; es lo que muestra, por lo demás, la correspondencia geométrica que hemos indicado precedentemente, y también la posibilidad de definir un tal número por dos

sus límites no están determinados por tal o cual número particular, por grande o por pequeño que se le suponga, sino por la naturaleza misma del número como tal. Es por eso mismo de que el número, como cualquier otra cosa de naturaleza determinada, excluye todo lo que no es él, por lo que aquí no puede tratarse de ninguna manera de infinito; por lo demás, acabamos de decir que lo indefinidamente grande debe concebirse forzosamente como un límite, aunque no sea de ninguna manera un «*terminus ultimus*» de la serie de los números, y se puede destacar a este propósito que la expresión «tender al infinito», empleada frecuentemente por los matemáticos en el sentido de «crecer indefinidamente», es también una absurdidad, puesto que el infinito implica evidentemente la ausencia de todo límite, y puesto que, por consiguiente, no habría nada en él hacia lo que sea posible tender. Lo que es bastante singular también, es que algunos, aunque reconocen la incorrección y el carácter abusivo de esta expresión «tender al infinito», no sienten por otra parte ningún escrúpulo en tomar la expresión «tender hacia cero» en el sentido de «decrecer indefinidamente»; sin embargo, cero, o la «cantidad nula», es exactamente simétrico, en relación a las cantidades decrecientes, de lo que es la pretendida «cantidad infinita» en relación a las cantidades crecientes; pero tendremos que volver después sobre las cuestiones que se plantean más particularmente sobre el tema

---

conjuntos convergentes de números conmensurables de los que es el límite común.

del cero y de sus diferentes significaciones.

Puesto que la sucesión de los números, en su conjunto, no está «terminada» por un cierto número, resulta de ello que no hay número, por grande que sea, que pueda ser identificado a lo indefinidamente grande en el sentido en el que acabamos de entenderlo; y, naturalmente, la misma cosa es igualmente verdad en lo que concierne a lo indefinidamente pequeño. Sólo se puede considerar un número como prácticamente indefinido, si es permisible expresarse así, cuando ya no puede ser expresado por el lenguaje ni representado por la escritura, lo que, de hecho, ocurre inevitablemente en un momento dado cuando se consideran números que van siempre creciendo o decreciendo; eso, si se quiere, es una simple cuestión de «perspectiva», pero eso mismo concuerda en suma con el carácter de lo indefinido, en tanto que éste no es otra cosa, en definitiva, que aquello cuyos límites no pueden ser suprimidos, puesto que eso sería contrario a la naturaleza misma de las cosas, sino simplemente alejados hasta llegar a ser enteramente perdidos de vista. A este propósito, habría lugar a plantearse algunas cuestiones bastante curiosas: así, uno podría preguntarse por qué la lengua china representa simbólicamente lo indefinido por el número diez mil; la expresión «los diez mil seres», por ejemplo, significa todos los seres, que son realmente en multitud indefinida o «innumerable». Lo que es muy destacable, es que la misma cosa precisamente se produce también en griego, donde una sola palabra, con una simple diferencia de acentuación que no es evidentemente más que un detalle completamente accesorio, y que no se debe sin duda más que a la necesidad de distinguir en el uso las dos significaciones, sirve igualmente para expresar a la vez una y otra de estas dos ideas: $:\beta\Delta 4 \cong 4$, diez mil; $:\Lambda\Delta\therefore\cong 4$, una indefinidad. La verdadera razón de este hecho es ésta: este número diez mil es la cuarta potencia de diez; ahora bien, según la fórmula del *Tao-te-King*, «uno ha producido dos, dos ha producido tres, tres ha producido todos los números», lo que implica que cuatro, producido inmediatamente por tres, equivale de una cierta manera a todo el conjunto de los números, y eso porque, desde que se tiene el cuaternario, se tiene también, por la adición de los cuatro primeros números, el denario, que representa un ciclo numérico completo: 1+2+3+4=10, lo que es, como lo hemos dicho ya en otras ocasiones, la fórmula numérica de la *Tétraktys* pitagórica. Se puede agregar también que esta representación de la indefinidad numérica tiene su correspondencia en el orden espacial: se sabe que la elevación a una potencia superior de un grado representa, en ese orden, la agregación de una dimensión; ahora bien, puesto que nuestra extensión no tiene más que tres dimensiones, sus límites son rebasados cuando se va más allá de la tercera potencia, lo que, en otros términos, equivale a decir que la elevación a la cuarta potencia marca el término mismo de su indefinidad, puesto que, desde que se efectúa, se ha salido por eso mismo de esta extensión y pasado a otro orden de posibilidades.

CAPÍTULO X

INFINITO Y CONTINUO

La idea del infinito tal como la entiende habitualmente Leibnitz, y que es sólo, es menester no perderlo de vista nunca, la de una multitud que sobrepasa todo número, se presenta a veces bajo el aspecto de un «infinito discontinuo», como el caso de las series numéricas llamadas infinitas; pero su aspecto más habitual, y también el más importante en lo que concierne a la significación del cálculo infinitesimal, es el del «infinito continuo». Conviene recordar a este propósito que, cuando Leibnitz, al comenzar las investigaciones que, al menos según lo que dice él mismo, debían conducirle al descubrimiento de su método, operaba sobre series de números, no tenía que considerar más que diferencias finitas en el sentido ordinario de esta palabra; las diferencias infinitesimales no se presentaron a él más que cuando se trata de aplicar el discontinuo numérico al continuo espacial. Así pues, la introducción de los diferenciales se justificaba por la observación de una cierta analogía entre las variaciones respectivas de estos dos modos de la cantidad; pero su carácter infinitesimal provenía de la continuidad de las magnitudes a las cuales las mismas debían aplicarse, y así la consideración de los «infinitamente pequeños» se encontraba, para Leibnitz, estrechamente ligada a la cuestión de la «composición del continuo».

Los «infinitamente pequeños» tomados «en rigor» serían, como lo pensaba Bernoulli, *partes minimae* del continuo; pero precisamente el continuo, en tanto que existe como tal, es siempre divisible, y por consiguiente, no podría tener *partes minimae*. Los «indivisibles» no son siquiera partes de aquello en relación a lo que son indivisibles, y el «mínimo» no puede concebirse aquí más que como el límite o extremidad, no como elemento: «La línea no es sólo menor que cualquier superficie, dice Leibnitz, sino que ni siquiera es una parte de la superficie, sino sólo un mínimo o una extremidad»[75]; y la asimilación entre *extremum* y *minimum* puede justificarse aquí, bajo su punto de vista, por la «ley de la continuidad», en tanto que ésta permite, según él, el «paso al límite», así como lo veremos más adelante. Ocurre lo mismo, como ya lo hemos dicho, con el punto en relación a la línea, y también, por otra parte, con la superficie en relación al volumen; pero, por el contrario, los elementos infinitesimales deben ser partes del continuo, sin lo cual ni siquiera serían cantidades; y no pueden serlo más que a condición de no ser «infinitamente pequeños» verdaderos, ya

---

[75] Meditatio nova de natura anguli contactus et osculi, horumque usu in practica Mathesi ad figuras faciliores succedaneas difficilioribus substituendas, en las Acta Eruditorum de Leipzig, 1686.

que éstos no serían otra cosa que esas «*partes minimae*» o esos «últimos elementos» cuya existencia misma, al respecto del continuo, implica contradicción. Así, la composición del continuo no permite que los infinitamente pequeños sean otra cosa que simples ficciones; pero, no obstante, por otro lado, es la existencia misma del continuo la que hace que sean, al menos a los ojos de Leibnitz, «ficciones bien fundadas»: si «todo se hace en la geometría como si fueran perfectas realidades», es porque la extensión, que es el objeto de la geometría, es continua; y, si ocurre lo mismo en la naturaleza, es porque los cuerpos son igualmente continuos, y porque también hay continuidad en todos los fenómenos tales como el movimiento, cuya sede son estos cuerpos, y que son el objeto de la mecánica y de la física. Por lo demás, si los cuerpos son continuos, es porque son extensos, y porque participan de la naturaleza de la extensión; y, del mismo modo, la continuidad del movimiento y de los diversos fenómenos que pueden referirse a él más o menos directamente provienen esencialmente de su carácter espacial. Así pues, en suma, es la continuidad de la extensión la que es el verdadero fundamento de todas las demás continuidades que se observan en la naturaleza corporal; y, por lo demás, es por eso por lo que, al introducir a este respecto una distinción esencial que Leibnitz no había hecho, nosotros hemos precisado que no es a la «materia» como tal, sino más bien a la extensión, a la que debe atribuirse en realidad la propiedad de «divisibilidad indefinida».

No vamos a examinar aquí la cuestión de las demás formas

posibles de la continuidad, independientes de su forma espacial; en efecto, es siempre a ésta a la que es menester volver cuando se consideran magnitudes, y así su consideración basta para todo lo que se refiere a las cantidades infinitesimales. No obstante, debemos agregar a eso la continuidad del tiempo, ya que, contrariamente a la extraña opinión de Descartes sobre este tema, el tiempo es realmente continuo en sí mismo, y no sólo en la representación espacial por el movimiento que sirve para su medida[76]. A este respecto, se podría decir que el movimiento es en cierto modo doblemente continuo, ya que lo es a la vez por su condición espacial y por su condición temporal; y esta suerte de combinación del tiempo y del espacio, de donde resulta el movimiento, no sería posible si uno fuera discontinuo mientras que el otro es continuo. Esta consideración permite además introducir la continuidad en algunas categorías de fenómenos naturales que se refieren más directamente al tiempo que al espacio, aunque se cumplen en el uno y en el otro igualmente, como, por ejemplo, el proceso de un desarrollo orgánico cualquiera. Por lo demás, para la composición del continuo temporal, se podría repetir todo lo que hemos dicho para la composición del continuo espacial, y, en virtud de esa suerte de simetría que existe bajo algunas relaciones, como lo hemos explicado en otra parte, entre el espacio y el tiempo, se llegaría a unas conclusiones estrictamente análogas: los instantes,

---

[76] Cf. *El Reino de la Cantidad y los Signos de los Tiempos*, cap. V.

concebidos como indivisibles, ya no son partes de la duración como los puntos no son partes de la extensión, así como lo reconocía igualmente Leibnitz, y, por lo demás, eso era también una tesis completamente corriente en los escolásticos; en suma, es un carácter general de todo continuo el hecho de que su naturaleza no conlleva la existencia de «últimos elementos».

Todo lo que hemos dicho hasta aquí muestra suficientemente en qué sentido puede comprenderse que, desde el punto de vista en el que se coloca Leibnitz, el continuo envuelve necesariamente al infinito; pero, bien entendido, nosotros no podríamos admitir que se trate en eso de una «infinitud efectiva», como si todas las partes posibles debieran darse efectivamente cuando se da el todo, ni, por lo demás, de una verdadera infinitud, que es excluida por toda determinación, cualquiera que sea, y que, por consiguiente, no puede estar implicada por la consideración de ninguna cosa particular. Únicamente, aquí como en todos los casos donde se presenta la idea de un pretendido infinito, diferente del verdadero Infinito metafísico, y que, no obstante, en sí mismos, no representan más que absurdidades puras y simples, toda contradicción desaparece, y con ella toda dificultad lógica, si se reemplaza ese supuesto infinito por lo indefinido, y si se dice simplemente que todo continuo envuelve una cierta indefinidad cuando se le considera bajo la relación de sus elementos. Es también por lo que algunos, a falta de hacer esta distinción fundamental del Infinito y de lo indefinido, han creído equivocadamente que no era posible escapar a la contradicción de un infinito determinado más que rechazando absolutamente el continuo y reemplazándole por el discontinuo; es así, concretamente, como Renouvier, que niega con razón el infinito matemático, pero a quien la idea del Infinito metafísico es completamente extraña, se ha creído obligado, por la lógica de su «finitismo», a llegar hasta admitir el atomismo, cayendo así en otra concepción que, como lo hemos visto precedentemente, no es menos contradictoria que la que quería eliminar.

CAPÍTULO XI

LA «LEY DE CONTINUIDAD»

Desde que existe el continuo, podemos decir con Leibnitz que hay continuidad en la naturaleza, o, si se quiere, que debe haber en ella una cierta «ley de continuidad» que se aplica a todo lo que presenta los caracteres del continuo; eso es en suma evidente, pero de ello no resulta en modo alguno que una tal ley deba ser aplicable a todo como él lo pretende, ya que, si hay continuo, hay también discontinuo, y eso, incluso en el dominio de la cantidad[77]: el número, en efecto, es esencialmente discontinuo, y es incluso esta cantidad discontinua, y no la cantidad continua, la que es realmente, como lo hemos dicho en otra parte, el modo primero y fundamental de la cantidad,

---

[77] Cf. L. Couturat, *De l'infini mathématique*, p. 140: «En general, el principio de continuidad no tiene sitio en álgebra, y no puede ser invocado para justificar la generalización algebraica del número. La continuidad no solo no es en modo alguno necesaria para las especulaciones de la aritmética general, sino que repugna al espíritu de esta ciencia y a la naturaleza misma del número. El número, en efecto, es esencialmente discontinuo, así como casi todas sus propiedades aritméticas... Por consiguiente, no se puede imponer la continuidad a las funciones algebraicas, por complicadas que sean, puesto que el número entero, que proporciona todos sus elementos, es discontinuo, y "salta" en cierto modo de un valor a otro sin transición posible».

o lo que se podría llamar propiamente la cantidad pura[78]. Por otra parte, nada permite suponer *a priori* que, fuera de la cantidad, no pueda considerarse por todas partes una continuidad cualquiera, e incluso, a decir verdad, sería muy sorprendente que solo el número, entre todas las cosas posibles, tuviera la propiedad de ser esencialmente discontinuo; pero nuestra intención no es buscar aquí en qué límites es verdaderamente aplicable una «ley de continuidad», y qué restricciones convendría aportarle para todo lo que rebasa el dominio de la cantidad entendida en su sentido más general. En lo que concierne a los fenómenos naturales, nos limitaremos a dar un ejemplo muy simple de discontinuidad: si es menester una cierta fuerza para romper una cuerda, y si se aplica a esa cuerda una fuerza cuya intensidad sea menor que esa, no se obtendrá una ruptura parcial, es decir, de una parte de los hilos que componen la cuerda, sino sólo una tensión, lo que es completamente diferente; si se aumenta la fuerza de una manera continua, la tensión crecerá primero también de una manera continua, pero llegará un momento en que se producirá la ruptura, y entonces, de una manera súbita y en cierto modo instantánea, se tendrá un efecto de una naturaleza completamente diferente del precedente, lo que implica manifiestamente una discontinuidad; y así no es verdadero decir, en términos enteramente generales y sin restricciones de ningún tipo, que «*natura non facit saltus*».

---

[78] Ver *El Reino de la Cantidad y los Signos de los Tiempos*, cap. II.

Sea como sea, basta en todo caso que las magnitudes geométricas sean continuas, como lo son en efecto, para que siempre se puedan tomar de ellas elementos tan pequeños como se quiera, y, por consiguiente, que pueden devenir más pequeños que toda magnitud asignable; y como lo dice Leibnitz, «es sin duda en eso en lo que consiste la demostración rigurosa del cálculo infinitesimal», que se aplica precisamente a estas magnitudes geométricas. Así pues, la «ley de continuidad» puede ser el «*fundamentun in re*» de esas ficciones que son las cantidades infinitesimales, así como también de esas otras ficciones que son las raíces imaginarias, puesto que Leibnitz hace una aproximación entre las unas y las otras bajo esta relación, sin que por eso sea menester ver ahí, como quizás lo hubiera querido él, «la piedra de toque de toda verdad»[79]. Por otra parte, si se admite una «ley de continuidad», aunque se hagan algunas restricciones sobre su alcance, e incluso si se reconoce que esta ley puede servir para justificar las bases del cálculo infinitesimal, «*modo sano sensu intelligantur*», de ahí no se sigue en modo alguno que se deba concebir exactamente como lo hacía Leibnitz, ni aceptar todas las consecuencias que él mismo pretendía sacar de ella; es esta concepción y sus consecuencias lo que nos es menester examinar ahora un poco más de cerca.

Bajo su forma más general, esta ley equivale en suma a esto, que Leibnitz enuncia en varias ocasiones en términos

---

[79] L. Couturat, *De l'infini mathématique*, p. 266.

diferentes, pero cuyo sentido es siempre el mismo en el fondo: desde que hay un cierto orden en los principios, entendidos aquí en un sentido relativo como los datos que se toman como punto de partida, debe haber siempre un orden correspondiente en las consecuencias que se saquen de ellos. Como ya lo hemos indicado, es entonces un caso particular de la «ley de justicia», es decir, de orden, que postula la «universal inteligibilidad»; así pues, en el fondo, para Leibnitz, es una consecuencia o una aplicación del «principio de razón suficiente», si no este principio mismo en tanto que se aplica más especialmente a las combinaciones y a las variaciones de la cantidad: «La continuidad es una cosa ideal», dice, lo que, por lo demás, está lejos de ser tan claro como se podría desear, pero «lo real no deja de gobernarse por lo ideal y lo abstracto, ...porque todo se gobierna por razón[80]». Hay ciertamente un cierto orden en las cosas, y no es eso lo que está en cuestión aquí, pero se puede concebir este orden muy diferentemente a como lo hacía Leibnitz, cuyas ideas a este respecto estaban influenciadas siempre más o menos directamente por su pretendido «principio de lo mejor», que pierde toda significación desde que se ha comprendido la identidad metafísica de lo posible y de lo real[81]; además, aunque fue un adversario declarado del estrecho racionalismo cartesiano, en cuanto a su concepción de la «universal

---

[80] Carta ya citada a Varignon, 2 de febrero de 1702.

[81] Ver *Los Estados múltiples del ser*, cap. II.

inteligibilidad», se le podría reprochar haber confundido demasiado fácilmente «inteligible» y «racional»; pero no insistiremos más sobre estas consideraciones de orden general, ya que nos llevarían muy lejos de nuestro tema. A este propósito, sólo agregaremos que es permisible sorprenderse de que, después de haber afirmado que «no hay necesidad de hacer depender el análisis matemático de las controversias metafísicas», lo que, por lo demás, es completamente contestable, puesto que eso equivale a hacer de la metafísica, según el punto de vista puramente profano, una ciencia enteramente ignorante de sus propios principios, y puesto que, por lo demás, solo la incomprehensión puede hacer nacer controversias en el dominio metafísico, Leibnitz llegue finalmente a invocar, en apoyo de su «ley de causalidad», a la que vincula este mismo análisis matemático, un argumento que, en efecto, no es metafísico, sino teológico, y que podría prestarse aún a muchas otras controversias: «Es porque todo se gobierna por razón, dice, y porque de otro modo no habría ciencia ni regla, lo que no sería conforme a la naturaleza del soberano principio»[82], a lo cual se podría responder que la razón no es en realidad más que una facultad

---

[82] Misma carta a Varignon. — La primera exposición de la «ley de continuidad» había aparecido en las *Nouvelles de la République des Lettres*, en julio de 1687, bajo este título bastante significativo desde el mismo punto de vista: *Principium quoddam generale non in Mathematicis tantum sed et Physicis utile, cujus ope ex consideratione Sapienti Φ Divin Φ examinantur Natur Φ Leges, qua occasione nata cum R. P. Mallebranchio controversia explicatur, et quidam Cartesianorum errores notantur.*

puramente humana y de orden individual, y que, sin que sea menester siquiera remontar hasta el «soberano principio», la inteligencia, entendida en el sentido universal, es decir, el intelecto puro y transcendente, es algo completamente diferente de la razón y no podría serle asimilado de ninguna manera, de tal suerte que, si es cierto que no hay en él nada de «irracional», tampoco es menos cierto que, no obstante, hay en él muchas cosas que son «suprarracionales», pero que por eso no son menos «inteligibles».

Pasaremos ahora a otro enunciado más preciso de la «ley de continuidad», enunciado que se refiere más directamente que el precedente a los principios del cálculo infinitesimal: «Si un caso se aproxima de una manera continua a otro caso en los datos y se desvanece finalmente en él, es menester necesariamente que los resultados de estos casos se aproximen igualmente de una manera continua en las soluciones buscadas y que finalmente se terminen recíprocamente el uno en el otro»[83]. Hay aquí dos cosas que importa distinguir: primero, si la diferencia de dos casos disminuye hasta devenir menor que toda magnitud asignable «*in datis*», debe ser lo mismo «*in quaesitis*»; en suma, en esto no se trata más que la aplicación del enunciado más general, y no es esta parte de la ley la que es susceptible de suscitar objeciones, desde que se admite que existen variaciones

---

[83] *Specimen Dynamicum pro admirandis Naturæ Legibus circa corporum vires et mutuas actiones detegendis et ad suas causas revocandis*, Parte II.

continuas y que es precisamente al dominio donde se efectúan tales variaciones, es decir, al dominio de la geometría, al que se refiere propiamente el cálculo infinitesimal; ¿pero es menester admitir además que «*casus in casum tandem evanescat*», y que, por consiguiente, «*eventus casuum tandem in se invicem desinant*»? En otros términos, ¿la diferencia de los dos casos devendrá alguna vez rigurosamente nula, a consecuencia de su decrecimiento continuo e indefinido, o bien, si se prefiere, aunque sea indefinido, llegará a alcanzar alguna vez su término este decrecimiento? En el fondo, se trata de saber si, en una variación continua, puede ser alcanzado el límite; y sobre este punto, haremos observar primero esto: como lo indefinido, tal como está implicado en el continuo, conlleva siempre en un cierto sentido algo de «inagotable», y como Leibnitz no admite que la división del continuo pueda desembocar en un término final, y ni siquiera que este término exista verdaderamente, ¿es perfectamente lógico y coherente por su parte admitir al mismo tiempo que una variación continua, que se efectúa «*per infinitos gradus intermedios*»[84], pueda alcanzar su límite? Esto no quiere decir, ciertamente, que el límite no pueda ser alcanzado de ninguna manera, lo que reduciría el cálculo infinitesimal a no poder ser nada más que un simple método de aproximación; pero, si el límite se alcanza efectivamente, no debe ser en la variación continua en sí misma, ni como último término de la serie indefinida de los «*gradus mutationis*». No obstante, es

---

[84] Carta a Schulenburg, 29 de marzo de 1698.

por la «ley de continuidad» como Leibnitz pretende justificar el «paso al límite», que no es la menor de las dificultades a las que su método da lugar desde el punto de vista lógico, y es precisamente por eso por lo que sus conclusiones devienen completamente inaceptables; pero, para que este lado de la cuestión pueda comprenderse enteramente, nos es menester comenzar por precisar la noción matemática del límite mismo.

CAPÍTULO XII

La noción del límite

La noción del límite es una de las más importantes que tengamos que examinar aquí, ya que es de ella de quien depende todo el valor del método infinitesimal bajo el aspecto del rigor; incluso se ha podido llegar hasta decir que, en definitiva, «todo el cálculo infinitesimal reposa únicamente sobre la noción de límite, ya que es precisamente esta noción rigurosa la que sirve para definir y para justificar todos los símbolos y todas las fórmulas del cálculo infinitesimal»[85]. En efecto, el objeto de este cálculo «se reduce a calcular límites de relaciones y límites de sumas, es decir, a encontrar los valores fijos hacia los cuales convergen relaciones o sumas de cantidades variables, a medida que éstas decrecen indefinidamente según una ley dada»[86]. Para más precisión todavía, diremos que, de las dos ramas en las que se divide el cálculo infinitesimal, el cálculo diferencial consiste en calcular los límites de relaciones cuyos dos términos van simultáneamente

---

[85] L. Couturat, *De l'infini mathématique*, Introducción, p. XXIII.

[86] Ch. de Freycinet, *De l'Analyse infinitésimale*, Prefacio, p. VIII.

decreciendo indefinidamente según una cierta ley, de tal manera que la relación misma conserva siempre un valor finito y determinado; y el cálculo integral consiste en calcular los límites de sumas de elementos cuya multitud crece indefinidamente al mismo tiempo que el valor de cada uno de ellos decrece indefinidamente, ya que es menester que estas dos condiciones estén reunidas para que la suma misma permanezca siempre una cantidad finita y determinada. Dicho esto, de una manera general, se puede decir que el límite de una cantidad variable es otra cantidad considerada como fija, cantidad a la que la cantidad variable se supone que se aproxima, por los valores que toma sucesivamente en el curso de su variación, hasta diferir de ella tan poco como se quiera, o, en otros términos, hasta que la diferencia de estas dos cantidades deviene más pequeña que toda cantidad asignable. El punto sobre el que debemos insistir muy particularmente, por razones que se comprenderán mejor después, es que el límite se concibe esencialmente como un cantidad fija y determinada; aunque no estuviera dada por las condiciones del problema, se deberá comenzar siempre por suponerla un valor determinado, y continuar considerándola como fija hasta el fin del cálculo.

Pero una cosa es la concepción del límite en sí mismo, y otra la justificación lógica del «paso al límite»; Leibnitz estimaba que lo que justifica en general este «paso al límite», es que la misma relación que existe entre varias magnitudes variables subsiste entre sus límites fijos, cuando sus variaciones son continuas, ya que entonces alcanzan en efecto sus límites respectivos; eso es otro enunciado del «principio de continuidad»[87]. Pero toda la cuestión es saber precisamente si la cantidad variable, que se aproxima indefinidamente a su límite, y que, por consiguiente, puede diferir de él tan poco como se quiera, según la definición misma de límite, puede alcanzar efectivamente ese límite, por una consecuencia de su variación misma, es decir, si el límite puede ser concebido como el último término de una variación continua. Veremos que, en realidad, esta solución es inaceptable; por el momento, diremos solamente, sin perjuicio de volver sobre ello un poco más adelante, que la verdadera noción de la continuidad no permite considerar las cantidades infinitesimales como pudiendo igualarse nunca a cero, ya que entonces dejarían de ser cantidades; ahora bien, para Leibnitz mismo, deben guardar siempre el carácter de verdaderas cantidades, y eso incluso cuando se las considera como «evanescentes». Así pues, una diferencia infinitesimal no podrá ser nunca rigurosamente nula; por consiguiente, una variable, en tanto que se considere como tal, diferirá siempre realmente de su límite, y no podría alcanzarle sin perder por eso mismo su carácter de variable.

Sobre este punto, podemos pues aceptar enteramente, aparte una ligera reserva, las consideraciones que un

---

[87] L. Couturat, De l'infini mathématique, p. 268, nota. — Es el punto de vista que expone concretamente en la Justification du Calcul des infinitésimales par celui de l'Albèbre ordinaire.

matemático que ya hemos citado expone en estos términos: «Lo que caracteriza al límite tal como lo hemos definido, es a la vez que la variable pueda aproximarse a él tanto como se quiera, y no obstante que no pueda alcanzarle nunca rigurosamente; ya que, para que le alcance en efecto, sería menester la realización de una cierta infinitud, que nos está necesariamente prohibida... Así pues, uno debe atenerse a la idea de una aproximación indefinida, es decir, cada vez más grande»[88]. En lugar de hablar de «la realización de una cierta infinitud», lo que no podría tener para nosotros ningún sentido, diremos simplemente que sería menester que una cierta indefinidad fuera agotada en lo que ella tiene precisamente de inagotable, aunque, al mismo tiempo, las posibilidades de desarrollo que conlleva esta indefinidad permiten obtener una aproximación tan grande como se quiera, «*ut error fiat minor dato*», según la expresión de Leibnitz, para quien «el método es seguro» desde que se alcanza ese resultado. «Lo propio del límite y lo que hace que la variable no le alcance nunca exactamente, es tener una definición diferente de la de la variable; y la variable, por su lado, aunque se aproxima cada vez más al límite, no le alcanza, porque no debe dejar de satisfacer nunca a su definición primitiva, que, decimos, es diferente. La distinción necesaria entre las dos definiciones del límite y de la variable se encuentran por todas partes... Este hecho, de que las dos definiciones son lógicamente distintas y, no obstante, tales

---

[88] Ch. de Freycinet, *De l'Analyse infinitésimale*, p. 18.

que los objetos definidos pueden aproximarse cada vez más el uno al otro[89], da cuenta de lo que parece tener de extraño, a primera vista, la imposibilidad de hacer coincidir nunca dos cantidades cuya diferencia se está seguro de poder hacer que disminuya más allá de toda expresión»[90].

Apenas hay necesidad de decir que, en virtud de la tendencia a reducirlo todo exclusivamente a lo cuantitativo, no ha faltado el reproche, a esta concepción del límite, de haber introducido una diferencia cualitativa en la ciencia de las cantidades misma; pero, si fuera menester desecharla por esta razón, sería menester igualmente que en la geometría se prohibiera del todo, entre otras cosas, la consideración de la similitud, que es puramente cualitativa también, así como ya lo hemos explicado en otra parte, puesto que no concierne más que a la forma de las figuras haciendo abstracción de su magnitud, y por consiguiente, de todo elemento propiamente cuantitativo. Por lo demás, es bueno observar, a este propósito, que uno de los principales usos del cálculo diferencial es determinar las direcciones de las tangentes en

---

[89] Sería más exacto decir que uno de ellos puede aproximarse cada vez más al otro, puesto que solo uno de esos objetos es variable, mientras que el otro es esencialmente fijo, y puesto que así, en razón misma de la definición del límite, su aproximación no puede considerarse de ninguna manera como constituyendo una relación recíproca y cuyos dos términos serían en cierto modo intercambiables; esta irreciprocidad implica por lo demás que su diferencia es de orden propiamente cualitativo.

[90] Ch. de Freycinet, *De l'Analyse infinitésimale*, p. 19.

cada punto de una curva, direcciones cuyo conjunto define la forma misma de la curva, y que dirección y forma son precisamente, en el orden espacial, elementos cuyo carácter es esencialmente cualitativo[91]. Además, no es una solución pretender suprimir pura y simplemente el «paso al límite», bajo pretexto de que el matemático puede dispensarse de pasar a él efectivamente, y porque eso no le molestará de ninguna manera para llevar su cálculo hasta el final; eso puede ser cierto, pero lo que importa es esto: ¿hasta qué punto, en estas condiciones, tendrá el derecho de considerar ese cálculo como reposando sobre un razonamiento riguroso, e, incluso si «el método es seguro» así, no será sólo en tanto que simple método de aproximación? Se podría objetar que la concepción que acabamos de exponer hace también imposible el «paso al límite», puesto que este límite tiene justamente como carácter no poder ser alcanzado; pero eso no es cierto más que en un cierto sentido, y sólo en tanto que se consideren las cantidades variables como tales, ya que no hemos dicho que el límite no pueda ser alcanzado de ninguna manera, sino, y eso es lo que es esencial precisar bien, que no podía ser alcanzado en la variación y como término de ésta. Lo que es verdaderamente imposible, es únicamente la concepción del «paso al límite» como constituyendo la consumación de una variación continua; así pues, debemos sustituir esta concepción por otra, y es lo que haremos más

---

[91] Ver *El Reino de la Cantidad y los Signos de los Tiempos*, cap. IV.

explícitamente a continuación.

CAPÍTULO XIII

CONTINUIDAD Y PASO AL LÍMITE

Podemos volver ahora al examen de la «ley de continuidad», o, más exactamente, del aspecto de esta ley que habíamos dejado momentáneamente de lado, y que es aquel por el que Leibnitz cree poder justificar el «paso al límite», porque, para él, de eso resulta «que, en las cantidades discontinuas, el caso extremo exclusivo puede ser tratado como inclusivo, y porque así este último caso, aunque totalmente diferente en naturaleza, está como contenido en estado latente en la ley general de los demás casos»[92]. Aunque él no parezca sospecharlo, es justamente ahí donde reside el principal defecto lógico de su concepción de la continuidad, como es bastante fácil darse cuenta de ello por las consecuencias que saca y por las aplicaciones que hace de ella; he aquí, en efecto, algunos ejemplos: «En virtud de mi ley de la continuidad, es permisible considerar el reposo como un movimiento infinitamente pequeño, es decir, como equivalente a una especie de su contradictorio, y la coincidencia como una distancia infinitamente pequeña, y la

---

[92] Epístola ad V. Cl. Christianum Wolfium, Professorem Mathessos Halensem, circa Scientiam Infiniti, en las Acta Eruditorum de Leipzig, 1713.

igualdad como última de las desigualdades, etc.»[93]. Y también: «De acuerdo con esta ley de la continuidad que excluye todo salto en el cambio, el caso del reposo puede considerarse como un caso especial del movimiento, a saber, como un movimiento evanescente o mínimo, y el caso de la igualdad como un caso de desigualdad evanescente. De ello resulta que las leyes del movimiento deben ser establecidas de tal manera que no haya necesidad de reglas particulares para los cuerpos en equilibrio y en reposo, sino que éstas nazcan por sí mismas de las reglas que conciernen a los cuerpos en desequilibrio y en movimiento; o, si se quieren enunciar reglas particulares para el reposo y el equilibrio, es menester guardarse de que no sean tales que no puedan concordar con la hipótesis que tiene al reposo por un movimiento naciente o a la igualdad por la última desigualdad»[94]. Agregamos aún esta última cita sobre este tema, en la que encontramos un nuevo ejemplo de un género un poco diferente de los precedentes, aunque no menos contestable desde el punto de vista lógico: «Aunque no sea cierto en rigor que el reposo es una especie de movimiento, o que la igualdad es una especie de desigualdad, como tampoco es cierto que el círculo es una especie de polígono regular, no obstante se puede decir que el reposo, la igualdad y el círculo terminan los movimientos, las desigualdades y los polígonos regulares, que por cambio

---

[93] Carta ya citada a Varignon, 2 de febrero de 1702.

[94] *Specimen Dynamicum*, ya citado más atrás.

continuo llegan a ellos al desvanecerse. Y aunque estas terminaciones sean exclusivas, es decir, no comprendidas en rigor en las variedades que limitan, no obstante tienen sus propiedades, como si estuvieran comprendidas en ellas, según el lenguaje de los infinitos o infinitesimales, que toma el círculo, por ejemplo, por un polígono regular cuyo número de lados es infinito. De otro modo la ley de continuidad sería violada, es decir, que, puesto que se pasa de los polígonos al círculo por un cambio continuo y sin hacer saltos, es menester también que no se hagan saltos en el paso de las afecciones de los polígonos a las del círculo»[95].

Conviene decir que, como lo indica el comienzo del último pasaje que acabamos de citar, Leibnitz considera estas aserciones como si fueran del género de aquellas que no son más que «*toleranter verae*», y que, por otra parte, él mismo dice, «sirven sobre todo al arte de inventar, aunque, a mi juicio, encierran algo de ficticio y de imaginario, que, no obstante, puede ser rectificado fácilmente por la reducción a las expresiones ordinarias, a fin de que no pueda producirse error»[96]; ¿pero son ellas mismas solo eso, y no encierran más bien, en realidad, contradicciones puras y simples? Sin duda,

---

[95] *Justification du Calcul des infinitésimales par celui de l'Algèbre ordinaire*, nota anexada a la carta de Varignon a Leibnitz del 23 de mayo de 1702, en la que se menciona la misma como habiendo sido enviada por Leibnitz para ser insertada en el *Journal de Trévoux*. — Leibnitz toma la palabra «continuado» en el sentido de «continuo».

[96] Epístola ad V. Cl. Christianum Wolfium, ya citada más atrás.

Leibnitz reconocía que el caso extremo, o el «*ultimus casus*», es «*exclusivus*», lo que supone manifiestamente que está fuera de la serie de los casos que entran naturalmente en la ley general; ¿pero con qué derecho puede hacérsele entrar entonces a pesar de todo en esta ley y tratarle «*ut inclusivum*», es decir, como si no fuera más que un simple caso particular comprendido en esta serie? Es cierto que el círculo es el límite de un polígono regular cuyo número de lados crece indefinidamente, pero su definición es esencialmente otra que la de los polígonos; y se ve muy claramente, en un ejemplo como ese, la diferencia cualitativa que existe, como ya lo hemos dicho, entre el límite mismo y aquello de lo cual es el límite. El reposo no es de ninguna manera un caso particular del movimiento, ni la igualdad un caso particular de la desigualdad, ni la coincidencia un caso particular de la distancia, ni el paralelismo un caso particular de la convergencia; por lo demás, Leibnitz no admite que lo sean en un sentido riguroso, pero por ello no sostiene menos que de alguna manera pueden considerarse como tales, de suerte que «el género se acaba en la especie casi opuesta»[97], y que algo puede ser «equivalente a una especie de su contradictorio». Por lo demás, notémoslo de pasada, es al mismo orden de ideas al que parece referirse la noción de la

---

[97] *Initia Rerum Mathematicarum Metaphisica*. — Leibnitz dice textualmente: «*genus in quasi-especiem oppositam desinit*», y el empleo de esta singular expresión «quasi-especies» parece indicar al menos una cierta dificultad para dar una apariencia plausible a un tal enunciado.

«virtualidad», concebida por Leibnitz, en el sentido especial que él le da, como una potencia que sería un acto que comienza[98], lo que no es menos contradictorio aún que los otros ejemplos que acabamos de citar.

Se consideren las cosas desde el punto de vista que se consideren, no vemos en absoluto cómo una cierta especie podría ser un «caso límite» de la especie o del género opuesto, ya que no es en este sentido como los opuestos se limitan recíprocamente, sino, muy al contrario, es en este sentido en el que se excluyen, y es imposible que los contradictorios sean reductibles el uno al otro; y, por lo demás, ¿puede la desigualdad, por ejemplo, guardar una significación de otro modo que en la medida en la que se opone a la igualdad y en que es su negación? No podemos decir, ciertamente, que aserciones como esas sean siquiera «*toleranter verae*»; aunque no se admitiera la existencia de géneros absolutamente separados, por eso no sería menos cierto que un género cualquiera, definido como tal, no puede devenir nunca parte integrante de otro género igualmente definido y cuya definición no incluye la suya propia, si es que incluso no la excluye formalmente como en el caso de los contradictorios, y que, si puede establecerse una comunicación entre géneros diferentes, no puede ser por donde difieren efectivamente, sino solo por medio de un género superior en el que entran

---

[98] Bien entendido que las palabras «acto» y «potencia» están tomadas aquí en su sentido aristotélico y escolástico.

igualmente el uno y el otro. Una tal concepción de la continuidad, que acaba suprimiendo no solo toda separación, sino incluso toda distinción efectiva, al permitir el paso directo de un género a otro sin reducción a un género superior o más general, es propiamente la negación misma de todo principio verdaderamente lógico; de ahí a la afirmación hegeliana de la «identidad de los contradictorios», no hay más que un paso que es poco difícil de dar.

CAPÍTULO XIV

Las «cantidades evanescentes»

Para Leibnitz, la justificación del «paso al límite» consiste en suma en que el caso particular de las «cantidades evanescentes», como él dice, debe, en virtud de la continuidad, entrar en un cierto sentido en la regla general; y, por lo demás, esas cantidades evanescentes no pueden considerarse como «nadas absolutas», o como puros ceros, ya que, siempre en razón de la misma continuidad, guardan entre sí una relación determinada, y generalmente diferente de la unidad, en el instante mismo en el que se desvanecen, lo que supone que son todavía verdaderas cantidades, aunque «inasignables» en relación a las cantidades ordinarias[99]. No obstante, si las cantidades evanescentes, o, lo que equivale a lo mismo, las cantidades infinitesimales, no son «nadas absolutas», y eso incluso cuando se trata de los diferenciales de órdenes superiores al

---

[99] Para Leibnitz, $\frac{0}{0} = 1$, porque, dice, «una nada equivale a la otra»; pero, como, por otra parte, se tiene $0 \times n = 0$, y eso cualquiera que sea el numero n, es evidente que puede escribirse también $\frac{0}{0} = n$, y es por eso por lo que esta expresión $\frac{0}{0}$ se considera generalmente como representando lo que se llama una «forma indeterminada».

primero, deben ser consideradas como «nadas relativas», es decir, que, aunque guardan el carácter de verdaderas cantidades, pueden y deben incluso ser desdeñadas al respecto de las cantidades ordinarias, con las cuales son «incomparables»[100]; pero, multiplicadas por cantidades «infinitas», o incomparablemente más grandes que las cantidades ordinarias, reproducen cantidades ordinarias, lo que no podría ser si no fueran absolutamente nada. Por las definiciones que hemos dado precedentemente, se puede ver que el hecho de que la consideración de la relación entre las cantidades evanescentes permanezca determinada se refiere al cálculo diferencial, y que el hecho de que la multiplicación de estas mismas cantidades evanescentes por cantidades «infinitas» de cantidades ordinarias se refiere al cálculo integral. En todo esto, la dificultad está en admitir que unas cantidades que no son absolutamente nulas deban ser tratadas sin embargo como nulas en el cálculo, lo que corre el riesgo de dar la impresión de que no se trata más que de una simple aproximación; a este respecto todavía, Leibnitz parece invocar a veces la «ley de continuidad», por la cual el «caso límite» se encuentra reducido a la regla general, como el único postulado que exige su método; pero este argumento es muy poco claro, y es menester volver más bien a la noción de los

---

[100] La diferencia entre esto y la comparación del grano de arena está en que, desde que se habla de «cantidades evanescentes», eso supone necesariamente que se trata de cantidades variables, y ya no de cantidades fijas y determinadas, por pequeñas que se las suponga.

«incomparables», como él mismo lo hace con frecuencia, para justificar la eliminación de las cantidades infinitesimales en los resultados del cálculo.

En efecto, Leibnitz considera como iguales, no solo las cantidades cuya diferencia es nula, sino también aquellas cuya diferencia es incomparable con esas cantidades mismas; es sobre esta noción de los «incomparables» donde se apoya para él, no solo la eliminación de las cantidades infinitesimales, que desaparecen así ante las cantidades ordinarias, sino también la distinción de los diferentes órdenes de cantidades infinitesimales o de diferenciales, puesto que las cantidades de cada uno de estos órdenes son incomparables con las del precedente, así como las del primer orden lo son con las cantidades ordinarias, pero sin que se llegue nunca a «nadas absolutas». «Llamo magnitudes incomparables, dice Leibnitz, a aquellas de las que una, multiplicada por cualquier número finito que sea, no podría exceder a la otra, de la misma manera que Euclides lo ha tomado en su quinta definición del quinto libro»[101]. Por lo demás, en eso no hay nada que indique si esta definición debe entenderse de cantidades fijas y determinadas o de cantidades variables; pero se puede admitir que, en toda su generalidad, debe aplicarse indistintamente a uno y otro caso: toda la cuestión sería saber entonces si dos cantidades fijas, por diferentes que sean en la escala de las magnitudes, pueden considerarse alguna vez como realmente

---

[101] Carta al marqués del Hospital, 14-24 de junio de 1695.

«incomparables», o si no son tales más que relativamente a los medios de medida de que disponemos. Pero no hay lugar a insistir aquí sobre este punto, puesto que Leibnitz mismo ha declarado que este caso no es el de los diferenciales[102], de donde es menester concluir, no solo que la comparación del grano de arena era manifiestamente errónea en sí misma, sino también que no respondía en el fondo, en su propio pensamiento, a la verdadera noción de los «incomparables», al menos en tanto que esta noción debe aplicarse a las cantidades infinitesimales.

No obstante, algunos han creído que el cálculo infinitesimal no podría hacerse perfectamente riguroso más que a condición de que las cantidades infinitesimales puedan considerarse como nulas, y, al mismo tiempo, han pensado equivocadamente que un error podía suponerse nulo desde que podía suponerse tan pequeño como se quiera; equivocadamente, decimos, ya que eso equivale a admitir que una variable, como tal, puede alcanzar su límite. He aquí, por lo demás, lo que Carnot dice a este respecto: «Hay personas que creen haber establecido suficientemente el principio del análisis infinitesimal cuando han hecho este razonamiento: es evidente, dicen, y confesado por todo el mundo que los errores a los que los procedimientos del análisis infinitesimal darían lugar, si es que los hay, siempre podrían suponerse tan pequeños como se quiera; es evidente también que todo error

---

[102] Carta ya citada a Varignon, 2 de febrero de 1702.

que se está seguro de suponer tan pequeño como se quiera es nulo, ya que, puesto que puede suponérsele tan pequeño como se quiera, puede suponérsele cero; por consiguiente, los resultados del análisis infinitesimal son rigurosamente exactos. Este razonamiento, plausible a primera vista, no obstante no es justo, ya que es falso decir que, porque se está en disposición de hacer un error tan pequeño como se quiera, se puede por eso hacerle absolutamente nulo... Uno se encuentra en la alternativa necesaria de cometer un error, por pequeño que quiera suponerle, o de caer sobre una fórmula que no enseña nada, y tal es precisamente el núcleo de la dificultad en el análisis infinitesimal»[103].

Es cierto que una fórmula en la que entra una relación que se presenta bajo la forma $\frac{0}{0}$ «no enseña nada», y se puede decir incluso que no tiene ningún sentido por sí misma; no es sino en virtud de una convención, por lo demás justificada, como se puede dar un sentido a esta forma $\frac{0}{0}$ considerándola como un símbolo de indeterminación[104]; pero esta indeterminación misma hace que la relación, tomada bajo esta forma, pueda ser igual a no importa qué, mientras que, al contrario, en cada caso particular, debe conservar un valor determinado: es la existencia de este valor determinado lo que

---

[103] Réflexions sur la Métaphysique du Calcul infinitésimal, p. 36.

[104] Ver la nota precedente sobre este tema.

alega Leibnitz[105], y este argumento es, en sí mismo, perfectamente inatacable[106]. Únicamente, es menester reconocer que la noción de las «cantidades evanescentes», según la expresión de Lagrange, tiene «el gran inconveniente de considerar las cantidades en el estado en que, por así decir, dejan de ser cantidades»; pero, contrariamente a lo que pensaba Leibnitz, no hay necesidad de considerarlas precisamente en el instante en que se desvanecen, ni de admitir que puedan desvanecerse verdaderamente, ya que, en ese caso, dejarían efectivamente de ser cantidades. Por lo demás, esto supone esencialmente que no hay «infinitamente pequeño» tomado «en rigor», ya que este «infinitamente pequeño», o al menos lo que se llamaría así adoptando el lenguaje de Leibnitz, no podría ser más que cero, del mismo modo que un «infinitamente grande», entendido en el mismo sentido, no podría ser más que el «número infinito»; pero, en realidad, cero no es un número, y no hay más «cantidad nula» que «cantidad infinita». El cero matemático, en su acepción estricta y rigurosa, no es más que una negación, al menos bajo

---

[105] Con la diferencia de que, para él, la relación $\frac{0}{0}$ no es indeterminada, sino siempre igual a 1, así como lo hemos dicho más atrás, mientras que el valor de que se trata difiere en cada caso.

[106] Cf. Ch. de Freycinet, *De l'Analyse infinitésimale*, pp. 45-46: «Si los incrementos se reducen al estado de puros ceros, ya no tienen ninguna significación. Lo suyo no es ser rigurosamente nulos, sino indefinidamente decrecientes, sin poder confundirse nunca con cero, en virtud del principio general de que una variable nunca puede coincidir con su límite».

el aspecto cuantitativo, y no se puede decir que la ausencia de cantidad constituye aún una cantidad; ese es un punto sobre el que vamos a volver enseguida para desarrollar más completamente las diversas consecuencias que resultan de él.

En suma, la expresión de «cantidades evanescentes» tiene sobre todo el defecto de prestarse a un equívoco, y hacer creer que las cantidades infinitesimales se consideran como cantidades que se anulan efectivamente, ya que, a menos de cambiar el sentido de las palabras, es difícil comprender que «desvanecerse», cuando se trata de cantidades, puede querer decir otra cosa que anularse. En realidad, estas cantidades infinitesimales, entendidas como cantidades indefinidamente decrecientes, lo que es su verdadera significación, no pueden llamarse nunca «evanescentes» en el sentido propio de esta palabra, y, ciertamente, hubiera sido preferible no introducir esta noción, que, en el fondo, es afín a la concepción que Leibnitz se hacía de la continuidad, y que, como tal, implica inevitablemente el elemento de contradicción que es inherente al ilogismo de esta concepción misma. Ahora bien, si un error, aunque pueda hacerse tan pequeño como se quiera, no puede devenir nunca absolutamente nulo, ¿cómo podrá ser verdaderamente riguroso el cálculo infinitesimal?; y, si de hecho el error es prácticamente desdeñable, ¿será menester concluir de ello que este cálculo se reduce a su simple método de aproximación, o al menos, como lo ha dicho Carnot, de «compensación»? Ésta es una cuestión que tendremos que resolver a continuación; pero, puesto que hemos sido llevados a hablar aquí del cero y de la pretendida «cantidad nula», vale más tratar primero este tema, cuya importancia, como se verá, está muy lejos de ser desdeñable.

CAPÍTULO XV

CERO NO ES UN NÚMERO

El decrecimiento indefinido de los números no puede concluir en un «número nulo» así como su crecimiento indefinido no puede concluir tampoco en un «número infinito», y eso por la misma razón, puesto que uno de esos números debería ser el inverso del otro; en efecto, según lo que hemos dicho precedentemente al respecto de los números inversos, que están igualmente alejados de la unidad en las dos sucesiones, creciente una y decreciente la otra, que tienen como punto de partida común esta unidad, y que, como hay necesariamente tantos términos en una de las sucesiones como en la otra, los últimos términos, que serían el «número infinito» y el «número nulo», deberían, si existieran, estar igualmente alejados de la unidad, y por consiguiente ser inversos el uno del otro[107]. En estas

---

[107] Esto sería representado, según la notación ordinaria, por la fórmula $0 \times \infty = 1$; pero, de hecho, la forma $0 \times \infty$ es también, como $\frac{0}{0}$, una «forma indeterminada», y se puede escribir $0 \times \infty = n$, designando por n un número cualquiera, lo que, por lo demás, muestra ya que, en realidad, 0 e ∞ no pueden ser considerados como representando números determinados. Por lo demás, volveremos sobre este punto. Por otra parte, hay que destacar que $0 \times \infty$ corresponde, al respecto de los «límites

condiciones, si el signo ∞ no es en realidad más que el símbolo de las cantidades indefinidamente crecientes, el signo 0 debería lógicamente poder ser tomado como símbolo de las cantidades indefinidamente decrecientes, a fin de expresar en la notación la simetría que existe, como lo hemos dicho, entre las unas y las otras; pero, desafortunadamente, este signo 0 tiene ya una significación diferente, ya que sirve originariamente para designar la ausencia de toda cantidad, mientras que el signo ∞ no tiene ningún sentido real que corresponda a eso. Eso es una nueva fuente de confusiones, como las que se producen a propósito de las «cantidades evanescentes», y sería menester, para evitarlas, crear para las cantidades indefinidamente decrecientes otro símbolo diferente del cero, puesto que estas cantidades tienen como carácter no poder anularse nunca en su variación; en todo caso, con la notación empleada actualmente por los matemáticos, parece casi imposible que tales confusiones no se produzcan.

Si insistimos sobre esta observación de que cero, en tanto que representa la ausencia de toda cantidad, no es un número y no puede ser considerado como tal, aunque eso pueda parecer bastante evidente a aquellos que nunca han tenido la ocasión de tener conocimiento de algunas discusiones, es porque, desde que se admite la existencia de un «número

---

de sumas» del cálculo integral, a lo que es $\frac{0}{0}$ al respecto de los «límites de relaciones» del cálculo diferencial.

nulo», que debe ser el «más pequeño de los números», se es conducido forzosamente a suponer correlativamente, como su inverso, un «número infinito», en el sentido del «más grande de los números». Por consiguiente, si se acepta este postulado de que cero es un número, la argumentación en favor del «número infinito» puede ser después perfectamente lógica[108]; pero es precisamente este postulado el que debemos rechazar, ya que, si las consecuencias que se deducen de él son contradictorias, y hemos visto que la existencia del «número infinito» lo es efectivamente, es porque, en sí mismo, implica ya contradicción. En efecto, la negación de la cantidad no puede ser asimilada de ninguna manera a una cantidad; la negación del número o de la magnitud no puede constituir en ningún sentido ni a ningún grado una especie del número o de la magnitud; pretender lo contrario, es sostener que, según la expresión de Leibnitz, algo puede ser «equivalente a una especie de su contradictorio», y otro tanto valdría decir a continuación que la negación de la lógica es la lógica misma.

Por consiguiente, es contradictorio hablar de cero como de un número, o suponer un «cero de magnitud» que sería todavía una magnitud, de donde resultaría forzosamente la consideración de tantos ceros distintos como diferentes especies de magnitudes hay; en realidad, no puede haber más que el cero puro y simple, que no es otra cosa que la negación

---

[108] De hecho, es sobre este postulado donde reposa en gran parte la argumentación de L. Conturat en su tesis *De l'infini mathématique*.

de la cantidad, bajo cualquier modo en que ésta se considere[109]. Desde que tal es el verdadero sentido del cero aritmético tomado «en rigor», es evidente que este sentido no tiene nada en común con la noción de las cantidades indefinidamente decrecientes, que son siempre cantidades, y no una ausencia de cantidad, como tampoco con algo que sería en cierto modo intermediario entre cero y la cantidad, lo que sería todavía una concepción perfectamente ininteligible, y que, en su orden, recordaría bastante la «virtualidad» leibnitzniana de la que hemos dicho algunas palabras precedentemente.

Podemos volver ahora a la otra significación que el cero tiene de hecho en la notación habitual, a fin de ver cómo han podido introducirse las confusiones de que hemos hablado: hemos dicho precedentemente que un número puede ser considerado en cierto modo como prácticamente indefinido desde que ya no nos es posible expresarle o representarle

---

[109] De eso resulta también que cero no puede ser considerado como un límite en el sentido matemático de esta palabra, ya que un límite verdadero es siempre, por definición, una cantidad; por lo demás, es evidente que una cantidad que decrece indefinidamente no tiene más límite que una cantidad que crece indefinidamente, o que al menos la una y la otra no pueden tener otros límites que los que resultan necesariamente de la naturaleza misma de la cantidad como tal, lo que es una acepción bastante diferente de esta misma palabra de «límite», aunque, por lo demás, entre estos dos sentidos haya una cierta relación que indicaremos más adelante; matemáticamente, no se puede hablar más que del límite de la relación de dos cantidades indefinidamente crecientes o de dos cantidades indefinidamente decrecientes, y no del límite de esas cantidades mismas.

distintamente de una manera cualquiera; un tal número, cualquiera que sea, en el orden creciente, podrá ser simbolizado sólo por el signo ∞, en tanto que éste representa lo indefinidamente grande; por consiguiente, en eso no se trata de un número determinado, sino más bien de todo un dominio, lo que, por lo demás, es necesario para que sea posible considerar, en lo indefinido, desigualdades e incluso órdenes diferentes de magnitud. En la notación matemática, falta otro símbolo para representar el dominio que corresponde a ese en el orden decreciente, es decir, lo que se puede llamar el dominio de lo indefinidamente pequeño; pero, como un número perteneciente a este dominio es, de hecho, desdeñable en los cálculos, se ha tomado el hábito de considerarle como prácticamente nulo, aunque eso no sea más que una simple aproximación que resulta de la imperfección inevitable de nuestros medios de expresión y de medida, y es sin duda por esta razón por lo que se ha llegado a simbolizarle por el mismo signo 0 que representa por otra parte la ausencia rigurosa de toda cantidad. Es solo en este sentido como este signo 0 deviene en cierto modo simétrico del signo ∞, y como pueden ser colocados respectivamente en las dos extremidades de la serie de los números, tal como la hemos considerado precedentemente como extendiéndose indefinidamente, por los números enteros y por sus inversos, en los dos sentidos creciente y decreciente. Esta serie se presenta entonces bajo la forma siguiente:

$$0 \ldots \ldots \frac{1}{4}, \frac{1}{3}, \frac{1}{2}, 1, 2, 3, 4 \ldots \ldots \infty$$

pero es menester observar que 0 e ∞ no representan dos números determinados, que terminarían la serie en los dos sentidos, sino dos dominios indefinidos, en los que, al contrario, no podría haber últimos términos, en razón de su indefinidad misma; por lo demás, es evidente que el cero no podría ser aquí ni un «número nulo», que sería un último término en el sentido decreciente, ni una negación o una ausencia de toda cantidad, que no puede tener ningún lugar en esta serie de cantidades numéricas.

En esta misma serie, como lo hemos explicado precedentemente, dos números equidistantes de la unidad central son inversos o complementarios el uno del otro, y por consiguiente reproducen la unidad por su multiplicación: $\frac{1}{n} \times n = 1$, de suerte que, para las dos extremidades de la serie, seríamos llevados a escribir así $0 \times \infty = 1$; pero, debido al hecho de que los signos 0 e ∞, que son los factores de éste último producto, no representan números determinados, se sigue que la expresión $0 \times \infty$ misma constituye un símbolo de indeterminación o lo que se llama una «forma indeterminada», y se debe escribir entonces $0 \times \infty = n$, siendo n un número cualquiera[110]; por eso no es menos cierto que, de todos modos, somos llevados así a lo finito ordinario, puesto que las dos indefinidades opuestas se neutralizan por

---

[110] Ver la precedente nota sobre este tema.

así decir la una a la otra. Se ve también muy claramente aquí, una vez más, que el símbolo ∞ no representa el Infinito, ya que el Infinito, en su verdadero sentido, no puede tener ni opuesto ni complementario, y no puede entrar en correlación con nada, como tampoco el cero, en cualquier sentido que se le entienda, puede entrar en correlación con la unidad o con otro número cualquiera, ni con ninguna cosa particular de cualquier orden que sea, cuantitativo o no; puesto que es el Todo universal y absoluto, contiene tanto el No Ser como el Ser, de suerte que el cero mismo, desde que no se considera como una pura nada, debe ser considerado también, necesariamente, como comprendido en el Infinito.

Al hacer alusión aquí al No Ser, tocamos otra significación del cero, completamente diferente de las que acabamos de considerar, y que, por lo demás, es la más importante desde el punto de vista de su simbolismo metafísico; pero, a este respecto, para evitar toda confusión entre el símbolo y lo que representa, es necesario precisar bien que el Cero metafísico, que es el No Ser, no es ya más el cero de cantidad como la Unidad metafísica, que es el Ser, no es la unidad aritmética; lo que se designa así con estos términos no puede serlo más que por transposición analógica, puesto que, desde que uno se coloca en lo Universal, se está evidentemente más allá de todo dominio especial como el de la cantidad. Por lo demás, no es en tanto que representa lo indefinidamente pequeño como el cero, por una tal transposición, puede ser tomado como símbolo del No Ser, sino en tanto que, según su acepción matemática más rigurosa, representa la ausencia de cantidad, que, en efecto, simboliza en su orden la posibilidad de no manifestación, del mismo modo que la unidad simboliza la posibilidad de manifestación, puesto que es el punto de partida de la multiplicidad indefinida de los números como el Ser es el principio de toda manifestación[111].

Esto nos conduce a observar también que, de cualquier manera que se considere el cero, no podría, en todo caso, ser tomado por una pura nada, que no corresponde metafísicamente más que a la imposibilidad, y que, por lo demás, lógicamente, no puede ser representada por nada. Eso es muy evidente cuando se trata de lo indefinidamente pequeño; es cierto que en eso no se trata, si se quiere, más que de un sentido derivado, debido, como lo decíamos hace un momento, a una suerte de asimilación aproximada de una cantidad desdeñable para nosotros a la ausencia de toda cantidad; pero, en lo que concierne a la ausencia misma de cantidad, lo que es nulo bajo este aspecto puede muy bien no serlo bajo otros aspectos, como se ve claramente por un ejemplo como el del punto, que, al ser indivisible, es por eso mismo inextenso, es decir, espacialmente nulo[112], pero que, así como lo hemos expuesto en otra parte, por eso no es

---

[111] Sobre este tema, ver *Los Estados múltiples del ser*, cap. III.

[112] Es por eso por lo que, así como lo hemos dicho más atrás, el punto no puede ser considerado de ninguna manera como constituyendo un elemento o una parte de la extensión.

menos el principio mismo de toda la extensión[113]. Por lo demás, es verdaderamente extraño que los matemáticos tengan generalmente el hábito de considerar el cero como una pura nada, y que no obstante les sea imposible no mirarle al mismo tiempo como dotado de una potencia indefinida, puesto que, colocado a la derecha de otra cifra llamada «significante», contribuye a formar la representación de un número que, por la repetición de ese mismo cero, puede crecer indefinidamente, como ocurre, por ejemplo, en el caso del número diez y de sus potencias sucesivas. Si realmente el cero no fuera más que una pura nada, eso no podría ser así, e incluso, a decir verdad, no sería entonces mas que un signo inútil, enteramente desprovisto de todo valor efectivo; así pues, en las concepciones matemáticas modernas, hay en eso todavía otra inconsecuencia a agregar a todas las que ya hemos tenido la ocasión de señalar hasta aquí.

---

[113] Ver *El Simbolismo de la Cruz*, cap. XVI.

CAPÍTULO XVI

La notación de los números negativos

Si volvemos de nuevo a la segunda de las dos significaciones matemáticas del cero, es decir, al cero considerado como representando lo indefinidamente pequeño, lo que importa retener bien ante todo, es que el dominio de éste comprende, en la sucesión doblemente indefinida de los números, todo lo que está más allá de nuestros medios de evaluación de un cierto sentido, del mismo modo que el dominio de lo indefinidamente grande comprende, en esta misma sucesión, todo lo que está más allá de estos mismos medios de evaluación en el otro sentido. Dicho esto, evidentemente no ha lugar hablar de números «más pequeños que cero», como tampoco de números «más grandes que el infinito»; y eso es aún más inaceptable, si es posible, cuando el cero, en su otra significación, representa pura y simplemente la ausencia de toda cantidad, ya que una cantidad que fuera más pequeña que nada es propiamente inconcebible. No obstante, esto es lo que se ha querido hacer, en un cierto sentido, al introducir en matemáticas la consideración de los números llamados negativos, y al olvidar, por un efecto del «convencionalismo» moderno, que estos números, en el origen, no son nada más que la indicación del resultado de una sustracción realmente imposible, por la cual un número más grande debería ser sustraído de un número más pequeño; por lo demás, ya hemos hecho observar que todas las generalizaciones o las extensiones de la idea de número no provienen de hecho más que de la consideración de operaciones imposibles desde el punto de vista de la aritmética pura; pero esta concepción de los números negativos y las consecuencias que entraña requieren aún algunas otras explicaciones.

Hemos dicho precedentemente que la sucesión de los números enteros se forma a partir de la unidad, y no a partir de cero; en efecto, dada la unidad, toda la sucesión de los números se deduce de ella de tal suerte que se puede decir que toda la sucesión está ya implicada y contenida en principio en esta unidad inicial[114], mientras que de cero evidentemente no se puede sacar ningún número. El paso de cero a la unidad no puede hacerse de la misma manera que el paso de la unidad a los demás números, o de un número cualquiera al número siguiente, y, en el fondo, suponer posible este paso del cero a la unidad, es haber establecido ya implícitamente la unidad[115]. En fin, poner cero al comienzo de la sucesión de

---

[114] Del mismo modo, por transposición analógica, toda multiplicidad indefinida de las posibilidades de manifestación está contenida en principio y «eminentemente» en el Ser puro o la Unidad metafísica.

[115] Eso aparece de una manera completamente evidente si, conformemente a ley general de formación de la sucesión de los números, se representa este paso por la fórmula $0+1=1$.

los números, como si fuera el primero de esta sucesión, no puede tener más que dos significaciones: o bien es admitir realmente que cero es un número, contrariamente a lo que hemos establecido, y, por consiguiente, que puede tener con los demás números relaciones del mismo orden que las relaciones de estos números entre sí, lo que no puede ser, puesto que cero multiplicado o dividido por un número cualquiera da siempre cero; o bien es un simple artificio de notación, que no puede sino entrañar confusiones más o menos inextricables. De hecho, el empleo de este artificio no se justifica apenas si no es para permitir la introducción de la notación de los números negativos, y, si el uso de esta notación ofrece sin duda algunas ventajas para la comodidad de los cálculos, consideración completamente «pragmática» que no está en litigio aquí y que carece incluso de importancia verdadera bajo nuestro punto de vista, es fácil darse cuenta de que no deja de presentar, por otra parte, graves inconvenientes lógicos. La primera de todas las dificultades a las que da lugar a este respecto, es precisamente la concepción de las cantidades negativas como «menores que cero», que Leibnitz colocaba entre las afirmaciones que no son más que «*toleranter verae*», pero que, en realidad, como lo decíamos hace un momento, está desprovista de toda significación. «Adelantar que una cantidad negativa aislada es menor que cero, ha dicho Carnot, es cubrir la ciencia de las matemáticas, que debe ser la de la evidencia, de una nube impenetrable, y comprometerse en un laberinto de paradojas a cual más extravagante»[116]. Sobre este punto, podemos atenernos a este juicio, que no es sospechoso y que ciertamente no tiene nada de exagerado; por lo demás, en el uso que se hace de esta notación de los números negativos, no se debería olvidar nunca que en eso no se trata de nada más que de una simple convención.

La razón de esta convención es la siguiente: cuando una sustracción es aritméticamente imposible, su resultado es no obstante susceptible de una interpretación en el caso en el que esta sustracción se refiera a magnitudes que pueden ser contadas en dos sentidos opuestos, como, por ejemplo, las distancias medidas en una línea, o los ángulos de rotación alrededor de un punto fijo, o también los tiempos contados, a partir de un cierto instante, hacia el futuro o hacia el pasado. De ahí la representación geométrica que se da habitualmente de estos números negativos: si se considera una recta entera, indefinida en los dos sentidos, y no ya solo una semirrecta como lo habíamos hecho precedentemente, las distancias sobre esta recta se cuentan como positivas o como negativas según sean recorridas en un sentido o en el otro, y se fija un punto tomado como origen, a partir del cual las distancias se llaman positivas de un lado y negativas del otro. A cada punto de la recta corresponderá un número que será la medida de su distancia al origen, y que, para simplificar el lenguaje,

---

[116] «Nota sobre las cantidades negativas» colocada al final de las *Réflexions sur la Métaphysique du Calcul infinitésimal*, p. 173.

podemos llamar su coeficiente; el origen mismo, en este caso también, tendrá naturalmente como coeficiente cero, y el coeficiente de cualquier otro punto de la recta será un número afectado por el signo + o —, signo que, en realidad, indicará simplemente de qué lado está situado ese punto en relación al origen. Sobre una circunferencia, se podrá distinguir de igual modo un sentido de rotación positivo y un sentido de rotación negativo, y contar, a partir de una posición inicial del radio, los ángulos como positivos o como negativos según se describan en uno u otro de estos dos sentidos, lo que daría lugar a unas precisiones análogas. Para atenernos a la consideración de la recta, dos puntos equidistantes del origen, por una y otra parte de éste, tendrán por coeficiente el mismo número, pero con signos contrarios, y un punto más alejado que otro del origen tendrá naturalmente como coeficiente, en todos los casos, un número más grande; por esto se ve que, si un número n es más grande que otro número m, es absurdo decir, como se hace ordinariamente, que $-n$ es más pequeño que $-m$, puesto que representa al contrario una distancia más grande. Por lo demás, el signo colocado así delante de un número no puede modificarse realmente de ninguna manera desde el punto de vista de la cantidad, puesto que no representa nada que se refiera a la medida de las distancias en sí mismas, sino solo la dirección en la que son recorridas estas distancias, dirección que es un elemento de orden propiamente cualitativo y no cuantitativo[117].

Por otra parte, puesto que la recta es indefinida en los dos sentidos, uno es llevado a considerar un indefinido positivo y un indefinido negativo, que se representan respectivamente por los signos $+\infty$ y $-\infty$, y que se designan comúnmente por las expresiones absurdas de «más infinito» y «menos infinito»; uno se pregunta lo que podría ser en efecto un infinito negativo, o también lo que podría subsistir si de algo o incluso de nada, puesto que los matemáticos consideran el cero como nada, se restara el infinito; éstas son cosas que basta enunciar en lenguaje claro para ver inmediatamente que están desprovistas de toda significación. Es menester agregar también que seguidamente uno es llevado, en particular en el estudio de la variación de las funciones, a considerar lo indefinido negativo como confundiéndose con lo indefinido positivo, de tal suerte que un móvil que parte del origen y que se aleja constantemente de él en el sentido positivo volvería de nuevo hacia éste por el lado negativo, o inversamente, si su movimiento se prosiguiera durante un tiempo indefinido, de donde resulta que la recta, o lo que se considera como tal, debe ser en realidad una línea cerrada, aunque indefinida. Por

---

[117] Ver *El Reino de la Cantidad y los Signos de los Tiempos*, cap. IV. — Uno podría preguntarse si no hay como una suerte de recuerdo inconsciente de este carácter cualitativo en el hecho de que los matemáticos designen todavía a veces los números tomados «con su signo», es decir, considerados como positivos o negativos, bajo el nombre de «números cualificados», aunque, por lo demás, no parezcan dar ningún sentido muy claro a esta expresión.

lo demás, se podría mostrar que las propiedades de la recta en el plano son enteramente análogas a las de un gran círculo o círculo diametral sobre la superficie de una esfera, y que así el plano y la recta pueden ser asimilados a una esfera y a un gran círculo de radio indefinidamente grande, y por consecuencia de curvatura indefinidamente pequeña, siendo asimilados entonces los círculos ordinarios del plano a los círculos pequeños de esta misma esfera; por lo demás, esta asimilación, para devenir rigurosa, supone un «paso al límite», ya que es evidente que, por grande que devenga el radio en su crecimiento indefinido, se tiene siempre una esfera y no un plano, y que esta esfera solo tiende a confundirse con el plano, y sus grandes círculos con rectas, de tal suerte que el plano y la recta son aquí límites, de la misma manera que el círculo es el límite de un polígono regular cuyo número de lados crece indefinidamente. Sin insistir más en ello, solo haremos observar que se perciben en cierto modo directamente, por las consideraciones de este género, los límites mismos de la indefinidad espacial; así pues, si se quiere guardar alguna apariencia de lógica, ¿cómo se puede hablar todavía de infinito en todo esto?

Al considerar los números positivos y negativos como acabamos de decirlo, la serie de los números toma la forma siguiente:

$-\infty \ldots \ldots -4, -3, -2, -1, 0, 1, 2, 3, 4, \ldots \ldots +\infty$

donde el orden de estos números es el mismo que el de los

puntos correspondientes sobre la recta, es decir, de los puntos que tienen estos mismos números por coeficientes respectivos, lo que, por lo demás, es la marca del origen real de la serie así formada. Esta serie, aunque sea igualmente indefinida en los dos sentidos, es completamente diferente de la que hemos considerado precedentemente y que comprendía los números enteros y sus inversos: es simétrica, no ya en relación a la unidad, sino en relación al cero, que corresponde al origen de las distancias; y, si dos números equidistantes de este término central le reproducen también, ya no es por multiplicación como en el caso de los números inversos, sino por adición «algebraica», es decir, efectuada teniendo en cuenta sus signos, lo que aquí es aritméticamente una sustracción. Por otra parte, esta nueva serie no es, como lo era la precedente, indefinidamente creciente en un sentido e indefinidamente decreciente en el otro, o al menos, si se pretende considerarla así, no es más que por una «manera de hablar» de lo más incorrecto, que es la misma por la que se consideran los números «más pequeños que cero»; en realidad, esta serie es indefinidamente creciente en los dos sentidos igualmente, puesto que lo que comprende por una parte y por otra del cero central, es la misma sucesión de los números enteros; lo que se llama el «valor absoluto», expresión bastante singular también, debe tomarse en consideración sólo bajo la relación puramente cuantitativa, y los signos positivos o negativos no cambian nada a este respecto, puesto que, en realidad, no expresan otra cosa que las relaciones de «situación» que hemos explicado hace un momento. Lo indefinido negativo no es pues asimilable de ninguna manera a lo indefinidamente pequeño; al contrario, como ocurre con lo indefinido positivo, es indefinidamente grande; la única diferencia, que no es de orden cuantitativo, es que se desarrolla en otra dirección, lo que es perfectamente concebible cuando se trata de magnitudes espaciales o temporales, pero totalmente desprovisto de sentido para magnitudes aritméticas, para las cuales un tal desarrollo es necesariamente único, y no puede ser otro que el de la serie de los números enteros.

Entre las otras consecuencias extravagantes o ilógicas de la notación de los números negativos, señalaremos también la consideración, introducida por la resolución de las ecuaciones algebraicas, de las cantidades llamadas «imaginarias», que Leibnitz, como lo hemos visto, colocaba, de la misma manera que las cantidades infinitesimales, entre lo que llamaba «ficciones bien fundadas»; estas cantidades, o supuestas tales, se presentan como raíces de los números negativos, lo que, en realidad, no responde tampoco más que a una imposibilidad pura y simple, puesto que, aunque un número sea positivo o negativo, su cuadrado es siempre necesariamente positivo en virtud de las reglas de la multiplicación algebraica. Incluso si, dando a esas cantidades «imaginarias» otro sentido, se pudiera lograr hacerlas corresponder a algo real, lo que no examinaremos aquí, es bien cierto, en todo caso, que su teoría y su aplicación a la geometría analítica, tal como son expuestas por los matemáticos actuales, no aparecen apenas más que como un verdadero tejido de confusiones e incluso de absurdidades, y como el producto de una necesidad de generalizaciones excesivas y completamente artificiales, que no retrocede siquiera ante el enunciado de proposiciones manifiestamente contradictorias; algunos teoremas sobre las «asíntotas del círculo», por ejemplo, bastarían ampliamente para probar que no exageramos nada. Se podrá decir, es cierto, que en eso no se trata de geometría propiamente dicha, sino solamente, como en la consideración de la «cuarta dimensión» del espacio[118], de álgebra traducida a lenguaje geométrico; pero lo que es grave, precisamente, es que, porque una tal traducción, así como su sentido inverso, sea posible y legítima en una cierta medida, se la quiera extender también a los casos en los que ya no puede significar nada, ya que eso es en efecto el síntoma de una extraordinaria confusión en las ideas, al mismo tiempo que la extrema conclusión de un «convencionalismo» que llega hasta perder el sentido de toda realidad.

---

[118] Cf. *El Reino de la Cantidad y los Signos de los Tiempos*, cap. XVIII y XXIII.

CAPÍTULO XVII

Representación del equilibrio de las fuerzas

A propósito de los números negativos, y aunque no sea más que una digresión en relación al tema principal de nuestro estudio, hablaremos también de las consecuencias muy contestables del empleo de estos números desde el punto de vista de la mecánica; en realidad, por su objeto, ésta es una ciencia física, y el hecho mismo de tratarla como una parte integrante de las matemáticas, consecuencia del punto de vista exclusivamente cuantitativo de la ciencia actual, no deja de introducir en ella singulares deformaciones. A este respecto, decimos solamente que los pretendidos «principios» sobre los que los matemáticos modernos hacen reposar esta ciencia tal como la conciben, y que no se llaman así más que de una manera completamente abusiva, no son propiamente más que hipótesis más o menos bien fundadas, o también, en el caso más favorable, simples leyes más o menos generales, quizás más generales que otras, si se quiere, pero que, en todo caso, no tienen nada en común con los verdaderos principios universales, y que, en una ciencia constituida según el punto de vista tradicional, no serían más que aplicaciones de estos principios a un dominio todavía muy especial. Sin querer entrar en desarrollos demasiado largos, citaremos, como ejemplo del primer caso, el supuesto «principio de inercia», que no podría justificar nada, ni la experiencia que muestra al contrario que no hay inercia en ninguna parte de la naturaleza, ni el entendimiento que no puede concebir esta pretendida inercia, puesto que ésta no puede consistir más que en la ausencia completa de toda propiedad; sólo se podría aplicar legítimamente una tal palabra a la potencialidad pura de la substancia universal, o de la *materia prima* de los escolásticos, que, por lo demás, por esta razón misma, es propiamente «ininteligible»; pero esta *materia prima* es ciertamente otra cosa que la «materia» de los físicos[119]. Un ejemplo del segundo caso es lo que se llama el «principio de la igualdad de la acción y de la reacción», que es en tan poca medida un principio como se deduce inmediatamente de la ley general del equilibrio de las fuerzas naturales: cada vez que este equilibrio se rompe de una manera cualquiera, tiende inmediatamente a restablecerse, produciéndose una reacción cuya intensidad es equivalente a la de la acción que lo ha provocado; así pues, eso no es más que un simple caso particular de lo que la tradición extremo oriental llama las «acciones y reacciones concordantes», que no conciernen solo al mundo corporal como las leyes de la mecánica, sino al conjunto de la manifestación bajo todos sus modos y en todos sus estados; es precisamente sobre esta cuestión del equilibrio y de su representación matemática sobre lo que nos

---

[119] Cf. *El Reino de la Cantidad y los Signos de los Tiempos*, cap. II.

proponemos insistir aquí un poco, ya que es bastante importante en sí misma como para merecer que uno se detenga en ella un instante.

Se representan habitualmente dos fuerzas que se equilibran por dos «vectores» opuestos, es decir, por dos segmentos de recta de igual longitud, pero dirigidos en sentidos contrarios: si dos fuerzas aplicadas en un mismo punto tienen la misma intensidad y la misma dirección, pero en sentidos contrarios, estas fuerzas se equilibran; como están entonces sin acción sobre su punto de aplicación, se dice comúnmente que se destruyen, sin atender a que, si se suprime una de estas fuerzas, la otra actúa inmediatamente, lo que prueba que no estaba destruida en realidad. Se caracterizan las fuerzas por coeficientes numéricos proporcionales a sus intensidades respectivas, y dos fuerzas de sentidos contrarios están afectadas de coeficientes de signos diferentes, uno positivo y el otro negativo: si uno es f, el otro será $-f'$. En el caso que acabamos de considerar, puesto que las dos fuerzas tienen la misma intensidad, los coeficientes que las caracterizan deben ser iguales «en valor absoluto», y se tiene $f = f'$, de donde se deduce, como condición del equilibrio, $f - f' = 0$, es decir, que la suma algebraica de las dos fuerzas, o de los dos «vectores» que las representan, es nula, de tal suerte que el equilibrio se define así por cero. Puesto que, así como lo hemos dicho ya más atrás, los matemáticos cometen el error de considerar el cero como una suerte de símbolo de la nada, como si la nada pudiera ser simbolizada por algo, parece resultar de eso que el equilibrio es el estado de no existencia, lo que es una consecuencia bastante singular; es por esta razón, sin duda, por lo que, en lugar de decir que dos fuerzas que se equilibran se neutralizan, lo que sería exacto, se dice que se destruyen, lo que es contrario a la realidad, así como acabamos de hacerlo ver por una observación de lo más simple.

La verdadera noción del equilibrio es muy diferente que esa: para comprenderla basta destacar que todas las fuerzas naturales, y no sólo las fuerzas mecánicas, que, repitámoslo todavía, no son nada más que un caso muy particular de ellas, sino las fuerzas del orden sutil tanto como las del orden corporal, son o atractivas o repulsivas; las primeras pueden ser consideradas como fuerzas compresivas o de contracción, las segundas expansivas o de dilatación[120]; y, en el fondo, eso no es otra cosa que una expresión, en este dominio, de la dualidad cósmica fundamental misma. Es fácil comprender que, en un medio primitivamente homogéneo, a toda

---

[120] Si se considera la noción ordinaria de las fuerzas centrípetas y centrífugas, uno puede darse cuenta sin esfuerzo de que las primeras se reducen a las fuerzas compresivas y las segundas a las fuerzas expansivas; del mismo modo, una fuerza de tracción es asimilable a una fuerza expansiva, puesto que se ejerce a partir de su punto de aplicación, y una fuerza de impulsión o de choque es asimilable a una fuerza compresiva, puesto que se ejerce al contrario hacia ese mismo punto de aplicación; pero, si se consideran en relación a su punto de emisión, es lo inverso lo que sería verdad, lo que, por lo demás, es exigido por la ley de la polaridad. — En otro dominio, la «coagulación» y la «solución» herméticas corresponden también respectivamente a la compresión y a la expansión.

compresión que se produzca en un punto corresponderá necesariamente una expansión equivalente en otro punto, e inversamente, de suerte que se deberán considerar siempre correlativamente dos centros de fuerzas de los que cada uno no puede existir sin el otro; eso es lo que se puede llamar la ley de la polaridad, que es, bajo formas diversas, aplicable a todos los fenómenos naturales, porque deriva, ella también, de la dualidad de los principios mismos que presiden toda manifestación; esta ley, en el dominio especial del que se ocupan los físicos, es sobre todo evidente en los fenómenos eléctricos y magnéticos, pero no se limita de ninguna manera a éstos. Si dos fuerzas, una compresiva y la otra expansiva, actúan sobre un mismo punto, la condición para que las mismas se equilibren o se neutralicen, es decir, para que en ese punto no se produzca ni contracción ni dilatación, es que las intensidades de esas dos fuerzas sean equivalentes; no decimos iguales, puesto que estas fuerzas son de especies diferentes, y ya que en eso se trata de una diferencia realmente cualitativa y no simplemente cuantitativa. Se pueden caracterizar las fuerzas por coeficientes proporcionales a la contracción o a la dilatación que producen, de tal suerte que, si se consideran una fuerza compresiva y una fuerza expansiva, la primera estará afectada de un coeficiente $n > 1$, y la segunda de un coeficiente $n' < 1$; cada uno de estos coeficientes puede ser la relación entre la densidad que toma el medio ambiente en el punto considerado, bajo la acción de la fuerza correspondiente, y la densidad primitiva de este mismo medio, supuesto homogéneo a este respecto cuando no sufre la acción de ninguna fuerza, en virtud de una simple aplicación del principio de razón suficiente[121]. Cuando no se produce ni comprensión ni dilatación, esta relación es forzosamente igual a la unidad, puesto que la densidad del medio no está modificada; así pues, para que dos fuerzas que actúan en un punto se equilibren, es menester que su resultante tenga por coeficiente la unidad. Es fácil ver que el coeficiente de esta resultante es el producto, y no ya la suma como en la concepción ordinaria, de los coeficientes de las dos fuerzas consideradas; por consiguiente, estos dos coeficiente n y n' deberán ser números inversos el uno del otro: $n' = \dfrac{1}{n}$, y se tendrá, como condición del equilibrio, $n \times n' = 1$; así, el equilibrio estará definido, no ya por el cero, sino por la unidad[122].

Se ve que esta definición del equilibrio por la unidad, que es la única real, corresponde al hecho de que la unidad ocupa el medio en la sucesión doblemente indefinida de los números enteros y de sus inversos, mientras que este lugar central está en cierto modo usurpado por el cero en la sucesión artificial de los números positivos y negativos. Muy lejos de ser el

---

[121] Entiéndase bien que, cuando hablamos así del principio de razón suficiente, le consideramos únicamente en sí mismo, fuera de todas las formas especializadas y más o menos contestables que Leibnitz u otros han querido darle.

[122] Esta fórmula corresponde exactamente a la concepción del equilibrio de los dos principios complementarios *yang* y *yin* en la cosmología extremo oriental.

estado de no existencia, el equilibrio es al contrario la existencia considerada en sí misma, independientemente de sus manifestaciones secundarias y múltiples; por lo demás, entiéndase bien que no es el No Ser, en el sentido metafísico de esta palabra, ya que la existencia, incluso en ese estado primordial e indiferenciado, no es todavía más que el punto de partida de todas las manifestaciones diferenciadas, como la unidad es el punto de partida de toda la multiplicidad de los números. Esta unidad, tal como acabamos de considerarla, y en la cual reside el equilibrio, es lo que la tradición extremo oriental llama el «Invariable Medio»; y, según esta misma tradición, este equilibrio o esta armonía es, en el centro de cada estado y de cada modalidad del ser, el reflejo de la «Actividad del Cielo».

CAPÍTULO XVIII

CANTIDADES VARIABLES Y CANTIDADES FIJAS

Volvamos ahora a la cuestión de la justificación del rigor del cálculo infinitesimal: hemos visto ya que Leibnitz considera como iguales las cantidades cuya diferencia, sin ser nula, es incomparable a esas cantidades mismas; en otros términos, las cantidades infinitesimales, que no siendo «*nihila absoluta*», son no obstante «*nihila respectiva*», y, como tales, deben ser desdeñadas al respecto de las cantidades ordinarias. Desafortunadamente, la noción de los «incomparables» permanece demasiado imprecisa como para que un razonamiento que no se apoya más que sobre esta noción pueda bastar plenamente para establecer el carácter riguroso del cálculo infinitesimal; bajo este aspecto, este cálculo no se presenta en suma más que como un método de aproximación indefinida, y nosotros no podemos decir con Leibnitz que, «sentado eso, no sólo se sigue que el error es indefinidamente pequeño, sino que es enteramente nulo»[123]; pero, ¿no habría otro medio más riguroso de llegar a esta conclusión? En todo

---

[123] Fragmento fechado el 26 de marzo de 1676.

caso, debemos admitir que el error introducido en el cálculo puede hacerse tan pequeño como se quiera, lo que ya es mucho; pero, ¿no se suprime completamente este carácter infinitesimal del error precisamente cuando se considera, no ya el curso mismo del cálculo, sino los resultados a los que permite llegar finalmente?

Una diferencia infinitesimal, es decir, indefinidamente decreciente, no puede ser más que la diferencia de dos cantidades variables, ya que es evidente que la diferencia de dos cantidades fijas no puede ser en sí misma más que una cantidad fija; así pues, la consideración de una diferencia infinitesimal entre dos cantidades fijas no podría tener ningún sentido. Desde entonces, tenemos el derecho de decir que dos cantidades fijas «son rigurosamente iguales entre sí desde el momento en que su diferencia pretendida puede suponerse tan pequeña como se quiera»[124]; ahora bien, «el cálculo infinitesimal, como el cálculo ordinario, no tiene en vista realmente más que cantidades fijas y determinadas»[125]; en suma, no introduce las cantidades variables más que a título de auxiliares, con un carácter puramente transitorio, y estas variables deben desaparecer de los resultados, que no pueden expresar más que relaciones entre cantidades fijas. Así pues, para obtener estos resultados es menester pasar de la consideración de las cantidades variables a la de las cantidades

---

[124] Carnot, *Réflexions sur la Métapysique du Calcul infinitésimal*, p. 29.

[125] Ch. de Freycinet, *De l'Analyse infinitésimale*, Prefacio, p. VIII.

fijas; y este paso tiene por efecto precisamente eliminar las cantidades infinitesimales, que son esencialmente variables, y que no pueden presentarse más que como diferencias entre cantidades variables.

Ahora es fácil comprender por qué Carnot, en la definición que hemos citado precedentemente, insiste sobre la propiedad que tienen las cantidades infinitesimales, tales como se emplean en el cálculo, de poder hacerse tan pequeñas como se quiera «sin que se esté obligado por eso a hacer variar las cantidades cuya relación se busca». Es porque, en realidad, éstas últimas deben ser cantidades fijas; es cierto que, en el cálculo, se consideran como límites de cantidades variables, pero éstas no juegan más que el papel de simples auxiliares, del mismo modo que las cantidades infinitesimales que introducen con ellas. Para justificar el rigor del cálculo infinitesimal, el punto esencial es que, en los resultados, no deben figurar más que cantidades fijas; así pues, en definitiva, al término del cálculo, es menester pasar de las cantidades variables a las cantidades fijas, y eso es en efecto un «paso al límite», pero concebido de modo muy diferente a como lo hacía Leibnitz, puesto que no es una consecuencia o un «último término» de la variación misma; ahora bien, y eso es lo más importante, las cantidades infinitesimales, en este paso, se eliminan por sí mismas, y eso simplemente en razón de la sustitución de las cantidades variables por las cantidades fijas[126].

¿Es menester, no obstante, no ver en esta eliminación, como lo querría Carnot, más que el efecto de una simple «compensación de errores»? No lo pensamos así, y parece que, en realidad, se puede ver en eso algo más, desde que se hace la distinción de las cantidades variables y de las cantidades fijas como constituyendo en cierto modo dos dominios separados, entre los cuales existe sin duda una correlación y una analogía, lo que, por lo demás, es necesario para que se pueda pasar efectivamente del uno al otro, de cualquier manera que se efectúe este paso, pero sin que sus relaciones reales puedan establecer nunca entre ellos una interpretación o incluso una continuidad cualquiera; por lo demás, entre estas dos especies de cantidades, eso implica una diferencia de orden esencialmente cualitativo, conformemente a lo que hemos dicho más atrás al respecto de la noción del límite. Es esta distinción la que Leibnitz no ha hecho nunca claramente, y, aquí también, es sin duda su concepción de una continuidad universalmente aplicable la que se lo ha impedido; Leibnitz no podía ver que el «paso al

---

[126] Cf. Ch. de Freycinet, *ibid.*, p. 220: «Las ecuaciones llamadas "imperfectas" por Carnot son, hablando propiamente, ecuaciones de espera o de transición, que son rigurosas en tanto que no se las haga servir más que al cálculo de los límites, y que, al contrario, serían absolutamente inexactas, si los límites no debieran alcanzarse efectivamente. Basta haber presentado al espíritu el destino efectivo de los cálculos, para no sentir ninguna incertidumbre sobre el valor de las relaciones por las que se pasa. Es menester ver en cada una de ellas, no lo que parece expresar actualmente, sino lo que expresará más adelante, cuando se llegue a los límites».

límite» implica esencialmente una discontinuidad, puesto que, para él, no había discontinuidad en ninguna parte. Sin embargo, esta distinción es la única que nos permite formular la proposición siguiente: si la diferencia de dos cantidades variables puede hacerse tan pequeña como se quiera, las cantidades fijas que corresponden a estas variables, y que se consideran como sus límites respectivos, son rigurosamente iguales. Así, una diferencia infinitesimal no puede devenir nunca nula, pero no puede existir más que entre variables, y, entre las cantidades fijas correspondientes, la diferencia debe ser nula; de ahí, resulta inmediatamente que un error que puede hacerse tan pequeño como se quiera en el dominio de las cantidades variables, donde no puede tratarse efectivamente, en razón del carácter mismo de estas cantidades, de nada más que de una aproximación indefinida, corresponde necesariamente a un error rigurosamente nulo en el dominio de las cantidades fijas; es únicamente en eso, y no en otras consideraciones que, cualesquiera que sean, están siempre más o menos fuera o al lado de la cuestión, donde reside esencialmente la verdadera justificación del rigor del cálculo infinitesimal.

CAPÍTULO XIX

LAS DIFERENCIAS SUCESIVAS

Lo que precede deja subsistir todavía una dificultad en lo que concierne a la consideración de los diferentes órdenes de cantidades infinitesimales: ¿cómo se pueden concebir cantidades que sean infinitesimales, no solo en relación a las cantidades ordinarias, sino en relación a otras cantidades que son ellas mismas infinitesimales? Aquí también, Leibnitz ha recurrido a la noción de los «incomparables», pero esta noción es demasiado vaga para que podamos contentarnos con ella, y no explica suficientemente la posibilidad de las diferenciaciones sucesivas. Sin duda esta posibilidad puede comprenderse mejor por una comparación o un ejemplo sacado de la mecánica: «En cuanto a las $d\,d\,x$, son a las $d\,x$ como los *conatos* de la pesantez o las solicitaciones centrífugas son a la velocidad»[127]. Y Leibnitz desarrolla esta idea en su respuesta a las objeciones del matemático holandés Nieuwentijt, que, aunque admitía las diferenciales del primer orden, sostenía que las de los órdenes superiores no podían

---

[127] Carta a Huygens, 1-11 de octubre de 1693.

ser más que nulas: «La cantidad ordinaria, la cantidad infinitesimal primera o diferencial, y la cantidad diferencio-diferencial o infinitesimal segunda, son entre sí como el movimiento, la velocidad y la solicitación, que es un elemento de la velocidad[128]. El movimiento describe una línea, la velocidad un elemento de línea, y la solicitación un elemento de elemento»[129]. Pero eso no es más que un ejemplo o un caso particular, que no puede servir en suma más que de simple «ilustración» y no de argumento, y es necesario proporcionar una justificación de orden general, que este ejemplo, en un cierto sentido, contiene por lo demás implícitamente.

En efecto, las diferenciales del primer orden representan los incrementos, o mejor las variaciones, puesto que pueden ser también, según los casos, en el sentido decreciente tanto como en el sentido creciente, que reciben a cada instante las cantidades ordinarias: tal es la velocidad en relación al espacio recorrido en un movimiento cualquiera. De la misma manera, las diferenciales de un cierto orden representan las variaciones instantáneas de las del orden precedente, tomadas a su vez como magnitudes que existen en un cierto intervalo: tal es la aceleración en relación a la velocidad. Así pues, es

---

[128] Esta «solicitación» es lo que se designa habitualmente por el nombre de «aceleración».

[129] «Responsio ad nonnullas difficultates a Dn. Bernardo Nieuwentijt circa Methodum differentialem seu infinitesimalem motas», en las Acta Eruditorum de Leipzig, 1695.

sobre la consideración de diferentes grados de variación, más bien que de magnitudes incomparables entre sí, donde reposa verdaderamente la distinción de los diferentes órdenes de cantidades infinitesimales.

Para precisar la manera en que debe entenderse esto, haremos simplemente la precisión siguiente: entre las variables mismas, se pueden establecer distinciones análogas a la que hemos establecido precedentemente entre las cantidades fijas y las variables; en estas condiciones, para retomar la definición de Carnot, se dirá que una cantidad es infinitesimal en relación a otras cuando se la pueda hacer tan pequeña como se quiera «sin que se esté obligado por eso a hacer variar esas otras cantidades». Es que, en efecto, una cantidad que no es absolutamente fija, o incluso que es esencialmente variable, lo que es el caso de las cantidades infinitesimales, de cualquier orden que sean, puede ser considerada no obstante como relativamente fija y determinada, es decir, como susceptible de jugar el papel de cantidad fija en relación a algunas otras variables. Es sólo en estas condiciones como una cantidad variable puede ser considerada como el límite de otra variable, lo que, según la definición misma del límite, supone que es considerada como fija, al menos bajo una cierta relación, es decir, relativamente a aquella de la cual es el límite; inversamente, una cantidad podrá ser variable, no solo en sí misma o, lo que equivale a lo mismo, en relación a las cantidades absolutamente fijas, sino también en relación a otras variables, en tanto que estas últimas pueden ser consideradas como relativamente fijas.

En lugar de hablar a este respecto de grados de variación como acabamos de hacerlo, se podría hablar también de grados de indeterminación, lo que, en el fondo, sería exactamente la misma cosa, considerada solamente desde un punto de vista un poco diferente: una cantidad, aunque indeterminada por su naturaleza, puede no obstante estar determinada, en un sentido relativo, por la introducción de algunas hipótesis, que dejan subsistir al mismo tiempo la indeterminación de otras cantidades; así pues, si puede decirse, estas últimas serán más indeterminadas que las otras, o indeterminadas a un grado superior, y así podrán tener con ellas una relación comparable a la que tienen las cantidades indeterminadas con las cantidades verdaderamente determinadas. Nos limitaremos a estas pocas indicaciones sobre este tema, ya que, por sumarias que sean, pensamos que son al menos suficientes para hacer comprender la posibilidad de la existencia de las diferenciales de diversos órdenes sucesivos; pero, en conexión con esta misma cuestión, todavía nos queda mostrar más explícitamente que no hay realmente ninguna dificultad lógica en considerar grados múltiples de indefinidad, tanto en el orden de las cantidades decrecientes, que es aquel al que pertenecen los infinitesimales o los diferenciales, como en el de las cantidades crecientes, donde se pueden considerar igualmente integrales de diferentes órdenes, simétricas en cierto modo de las diferenciales sucesivas, lo que, por lo demás, es conforme a la correlación que existe, así como lo hemos explicado, entre lo indefinidamente creciente y lo indefinidamente decreciente. Bien entendido, es de grados de indefinidad de lo que se trata en eso, y no de «grados de infinitud» tales como los entendía Jean Bernoulli, cuya concepción a este respecto Leibnitz no se atrevía ni a admitirla ni a rechazarla; y este caso es también de aquellos que se encuentran resueltos inmediatamente por la sustitución de la noción del pretendido infinito por la noción de lo indefinido.

CAPÍTULO XX

Diferentes órdenes de indefinidad

Las dificultades lógicas e incluso las contradicciones con las que chocan los matemáticos, cuando consideran cantidades «infinitamente grandes» o «infinitamente pequeñas» diferentes entre sí y pertenecientes incluso a órdenes diferentes, vienen únicamente de que consideran como infinito lo que es simplemente indefinido; es cierto que, en general, parecen preocuparse bastante poco de estas dificultades, que por ello no existen menos y no son menos graves, y que muestran su ciencia plagada de un montón de ilogismos, o, si se prefiere, de «paralogismos», que la hacen perder todo valor y todo alcance serio a los ojos de aquellos que no se dejan ilusionar por las palabras. He aquí algunos ejemplos de las contradicciones que introducen así los que admiten la existencia de magnitudes infinitas, cuando se trata de aplicar esta noción a las magnitudes geométricas: si se considera una línea, una recta por ejemplo, como infinita, este infinito debe ser más pequeño, e incluso infinitamente menor, que el que es constituido por una superficie, tal como un plano, en el que esta línea está contenida con una infinitud de otras, y este segundo infinito, a su vez, será infinitamente más pequeño que el de la extensión de tres dimensiones. La posibilidad misma de la coexistencia de todos estos pretendidos infinitos, de los cuales algunos lo son al mismo grado y los otros a grados diferentes, debería bastar para probar que ninguno de ellos puede ser verdaderamente infinito, incluso a falta de toda consideración de un orden más propiamente metafísico; en efecto, repitámoslo todavía, ya que en eso se trata de verdades sobre las cuales nunca se podría insistir demasiado, es evidente que, si se prefiere una pluralidad de infinitos distintos, cada uno de ellos se encuentra limitado por los otros, lo que equivale a decir que se excluyen los unos a los otros. A decir verdad, los «infinitistas», en quienes esta acumulación puramente verbal de una «infinitud de infinitos» parece producir como una suerte de «intoxicación mental», si es permisible expresarse así, no retroceden en modo alguno ante semejantes contradicciones, puesto que, como ya lo hemos dicho, no sienten ninguna dificultad en admitir que hay diferentes números infinitos, y que, por consecuencia, un infinito puede ser más grande o más pequeño que otro infinito; pero la absurdidad de tales enunciados es muy evidente, y el hecho de que son de un uso bastante corriente en las matemáticas actuales no cambia en nada el tema, sino que muestra solamente hasta qué punto se ha perdido el sentido de la lógica más elemental en nuestra época. Otra contradicción todavía, no menos manifiesta que las precedentes, es la que se presenta en el caso de una superficie cerrada, y por consiguiente, evidente y visiblemente finita, y que debería contener no obstante una infinitud de líneas, como, por ejemplo, una esfera que contiene una infinitud de círculos; se tendría aquí un continente finito, cuyo contenido sería infinito, lo que tiene lugar igualmente, por lo demás, cuando se sostiene, como lo hace Leibnitz, la «infinitud efectiva» de los elementos de un conjunto continuo.

Por el contrario, no hay ninguna contradicción en admitir la coexistencia de indefinidades múltiples y de diferentes órdenes: es así como la línea, indefinida según una sola dimensión, puede ser considerada a este respecto como constituyendo una indefinidad simple o del primer orden; la superficie, indefinida según dos dimensiones, y que comprende una indefinidad de líneas indefinidas, será entonces una indefinidad del segundo orden, y la extensión de tres dimensiones, que puede comprender una indefinidad de superficies indefinidas, será del mismo modo una indefinidad del tercer orden. Aquí es esencial destacar también que decimos que la superficie comprende una indefinidad de líneas, pero no que esté constituida por una indefinidad de líneas, del mismo modo que la línea no está compuesta de puntos, sino que comprende una multitud indefinida de ellos; y ocurre lo mismo también con el volumen en relación a las superficies, puesto que la extensión de las tres dimensiones misma no es otra cosa que un volumen indefinido. Por lo demás, en el fondo, eso es lo que hemos dicho más atrás al respecto de los «indivisibles» y de la composición del «continuo»; las cuestiones de este género, en razón de su complejidad misma, son de aquellas que hacen sentir mejor la necesidad de un lenguaje riguroso. Agregamos también a este propósito que, si desde un cierto punto de vista, se puede considerar legítimamente la línea como engendrada por un punto, la superficie por una línea y el volumen por una superficie, eso supone esencialmente que ese punto, esa línea o esa superficie se desplazan por un movimiento continuo, que comprende una indefinidad de posiciones sucesivas; y eso es muy distinto que considerar esas posiciones tomadas aisladamente las unas de las otras, es decir, los puntos, las líneas y las superficies consideradas como fijos y determinados, como constituyendo respectivamente partes o elementos de la línea, de la superficie y del volumen. Del mismo modo, cuando se considera, en sentido inverso, una superficie como la intersección de dos volúmenes, una línea como la intersección de dos superficies y un punto como la intersección de dos líneas, entiéndase que estas intersecciones no deben concebirse de ninguna manera como partes comunes a esos volúmenes, a esas superficies o a esas líneas; son sólo, como lo decía Leibnitz, límites o extremidades.

Según lo que hemos dicho hace un momento, cada dimensión introduce en cierto modo un nuevo grado de indeterminación en la extensión, es decir, en el continuo espacial considerado como susceptible de crecer indefinidamente en extensión, y se obtiene así lo que se podrían llamar potencias sucesivas de lo indefinido[130]; y se

---

[130] Cf. *El Simbolismo de la Cruz*, cap. XII.

puede decir también que una indefinidad de un cierto orden o de una cierta potencia contiene una multitud de indefinidos de un orden inferior o de una potencia menor. Mientras en todo esto no se trate más que de indefinido, todas estas consideraciones y las del mismo género permanecen pues perfectamente aceptables, ya que no hay ninguna incompatibilidad lógica entre indefinidades múltiples y distintas, que, aunque son indefinidas, por eso no son menos de naturaleza esencialmente finita, y por consiguiente perfectamente susceptibles de coexistir, como otras tantas posibilidades particulares y determinadas, en el interior de la Posibilidad total, que es la única que es infinita porque es idéntica al Todo universal[131]. Estas mismas consideraciones no toman una forma imposible y absurda más que por la confusión de lo indefinido con el infinito; así, aquí tenemos también uno de esos casos donde, como ocurría cuando se trataba de la «multitud infinita», la contradicción inherente a un pretendido infinito determinado oculta, deformándola hasta hacerla casi irreconocible, otra idea que en sí misma no tiene nada de contradictorio.

Acabamos de hablar de diferentes grados de indeterminación de las cantidades en el sentido creciente; es por esta misma noción, considerada en el sentido decreciente, por la que hemos justificado más atrás la consideración de los diversos órdenes de cantidades infinitesimales, cuya

---

[131] Cf. *Los Estados múltiples del ser*, cap. I.

posibilidad se comprende así, más fácilmente todavía, al observar la correlación que hemos señalado entre lo indefinidamente creciente y lo indefinidamente decreciente. Entre las cantidades indefinidas de diferentes órdenes, las de un orden diferente del primero son siempre indefinidas tanto en relación a las de los órdenes precedentes como en relación a las cantidades ordinarias; es completamente legítimo también considerar del mismo modo, en sentido inverso, cantidades infinitesimales de diferentes órdenes, donde las de cada orden son infinitesimales, no sólo en relación a las cantidades ordinarias, sino también en relación a las cantidades infinitesimales de los órdenes precedentes[132]. No hay heterogeneidad absoluta entre las cantidades indefinidas y las cantidades ordinarias, y no la hay tampoco entre éstas y las cantidades infinitesimales; en eso no hay en suma más que diferencias de grado, no diferencias de naturaleza, puesto que,

---

[132] Reservamos, como se hace por lo demás muy habitualmente, la denominación de «infinitesimales» a las cantidades indefinidamente decrecientes, con la exclusión de las cantidades indefinidamente crecientes, que, para abreviar, podemos llamar simplemente «indefinidas»; es bastante singular que Carnot haya reunido las unas y las otras bajo el mismo nombre de «infinitesimales», lo que es contrario, no solo al uso, sino al sentido mismo que este término saca de su formación. Aunque conservamos la palabra «infinitesimal» después de haber definido su significación como lo hemos hecho, no podemos dispensarnos de hacer destacar que este término tiene el grave defecto de derivar visiblemente de la palabra «infinito», lo que le hace muy poco adecuado a la idea que expresa realmente; para poder emplearle así sin inconveniente, es menester en cierto modo olvidar su origen, o al menos no atribuirle más que un carácter únicamente «histórico», como proviniendo de hecho de la concepción que Leibnitz se hacía de sus «ficciones bien fundadas».

en realidad, la consideración de lo indefinido, de cualquier orden que sea o a cualquier potencia que sea, no nos hace salir nunca de lo finito; es también la falsa concepción del infinito la que introduce en apariencia, entre estos diferentes órdenes de cantidades, una heterogeneidad radical que, en el fondo, es completamente comprehensible. Al suprimir esta heterogeneidad, se establece aquí una suerte de continuidad, pero muy diferente de la que consideraba Leibnitz entre las variables y sus límites, y mucho mejor fundada en la realidad, ya que la distinción de las cantidades variables y de las cantidades fijas implica al contrario esencialmente una verdadera diferencia de naturaleza.

En estas condiciones, las cantidades ordinarias mismas, al menos cuando se trata de variables, pueden ser consideradas en cierto modo como infinitesimales en relación a cantidades indefinidamente crecientes, ya que, si una cantidad puede hacerse tan grande como se quiera en relación a otra, ésta deviene inversamente, por eso mismo, tan pequeña como se quiera en relación a la primera. Introducimos esta restricción de que debe tratarse aquí de variables, porque una cantidad infinitesimal debe siempre ser concebida como esencialmente variable, y porque eso es algo verdaderamente inherente a su naturaleza misma; por lo demás, cantidades que pertenecen a dos órdenes diferentes de indefinidad son forzosamente variables la una en relación a la otra, y esta propiedad de variabilidad relativa y recíproca es perfectamente simétrica, ya que, según lo que acabamos de decir, eso equivale a considerar una cantidad como creciendo indefinidamente en relación a otra, o a ésta como decreciendo indefinidamente en relación a la primera; sin esta variabilidad relativa, no habría ni crecimiento ni decrecimiento indefinido, sino más bien relaciones definidas y determinadas entre las dos cantidades.

Es de la misma manera como, cuando hay un cambio de situación entre dos cuerpos A y B, al menos en tanto que no se considere en eso nada más que ese cambio en sí mismo, eso equivale a decir que el cuerpo A está en movimiento en relación al cuerpo B, o, inversamente, que el cuerpo B está en movimiento en relación al cuerpo A; la noción del movimiento relativo no es menos simétrica, a este respecto, que la de la variabilidad relativa que hemos considerado aquí. Es por eso por lo que, según Leibnitz, que mostraba con eso la insuficiencia del mecanicismo cartesiano como teoría física que pretende proporcionar una explicación de los fenómenos naturales, no se puede establecer ninguna distinción entre un estado de movimiento y un estado de reposo si uno se limita únicamente a la consideración de los cambios de situación; para eso es menester hacer intervenir algo de otro orden, a saber, la noción de la fuerza, que es la causa próxima de esos cambios, y la única que al ser atribuida a un cuerpo más bien que a otro, permite encontrar en ese cuerpo y solo en él la verdadera razón del cambio[133].

---

[133] Ver Leibnitz, Discours de Métaphysique, cap. XVIII; cf. El Reino de la Cantidad y los Signos de los Tiempos, cap. XIV.

CAPÍTULO XXI

Lo indefinido es inagotable analíticamente

En los dos casos que acabamos de considerar, el de lo indefinidamente creciente y el de lo indefinidamente decreciente, una cantidad de un cierto orden puede ser considerada como la suma de una indefinidad de elementos, de los que cada uno es una cantidad infinitesimal en relación a esta suma. Por lo demás, para que se pueda hablar de cantidades infinitesimales, es necesario que se trate de elementos no determinados en relación a su suma, y ello es así desde que esta suma es indefinida en relación a los elementos de que se trata; eso resulta inmediatamente del carácter esencial de lo indefinido mismo, en tanto que éste implica forzosamente, como lo hemos dicho, la idea de un «devenir», y por consiguiente de una cierta indeterminación. Por lo demás, entiéndase bien que esta indeterminación puede no ser más que relativa y no existir más que bajo un cierto punto de vista o en relación a una cierta cosa: tal es por ejemplo el caso de una suma que, siendo una cantidad ordinaria, no es indefinida en sí misma, sino sólo en relación a sus elementos infinitesimales; pero en todo caso, si fuera de otro modo y si no se hiciera intervenir esta noción de indeterminación, seríamos conducidos simplemente a la concepción de los «incomparables», interpretada en el sentido grosero del grano de arena con respecto a la tierra, y de la tierra con respecto al firmamento.

La suma de la que hablamos aquí no puede ser efectuada en modo alguno a la manera de una suma aritmética, porque para eso sería menester que una serie indefinida de adiciones sucesivas pudiera ser acabada, lo que es contradictorio; en el caso donde la suma es una cantidad ordinaria y determinada como tal, es menester evidentemente, como ya lo hemos dicho al formular la definición del cálculo integral, que el número o más bien la multitud de los elementos crezca indefinidamente al mismo tiempo que la magnitud de cada uno de ellos decrece indefinidamente, y, en este sentido, la indefinidad de estos elementos es verdaderamente inagotable. Pero, si esta suma no puede ser efectuada de esta manera, como resultado final de una multitud de operaciones distintas y sucesivas, puede serlo por el contrario de un solo golpe y por una operación única, que es la integración[134]; esa es la operación inversa de la diferenciación, puesto que reconstituye la suma a partir de sus elementos infinitesimales,

---

[134] Los términos «integral» e «integración», cuyo uso ha prevalecido, no son de Leibnitz, sino de Jean Bernoulli; Leibnitz no se servía en este sentido más que de las palabras «suma» y «sumación», que tienen el inconveniente de parecer indicar una asimilación entre la operación de que se trata y la formación de una suma aritmética; por lo demás, decimos solo parecer, ya que es muy cierto que la diferencia esencial de estas dos operaciones no ha podido escapar realmente a Leibnitz.

mientras que la diferenciación va al contrario de la suma a los elementos, proporcionando el medio de formular la ley de las variaciones instantáneas de una cantidad cuya expresión está dada.

Así, desde que se trata de indefinido, la noción de suma aritmética ya no es aplicable, y es menester recurrir a la de integración para suplir a esta imposibilidad de «numerar» los elementos infinitesimales, imposibilidad que, bien entendido, resulta de su naturaleza misma y no de una imperfección cualquiera por nuestra parte. Podemos destacar de pasada que, en lo que concierne a la aplicación a las magnitudes geométricas, que es por lo demás, en el fondo, la verdadera razón de ser de todo el cálculo infinitesimal, hay un método de medida que es completamente diferente del método habitual fundado sobre la división de una magnitud en porciones definidas, método del que ya hemos hablado precedentemente a propósito de las «unidades de medida». En suma, éste último equivale siempre a sustituir de alguna manera el continuo por el discontinuo, por ese «troceado» en porciones iguales de la magnitud de la misma especie tomada como unidad[135], a fin de poder aplicar directamente el número a la medida de las magnitudes continuas, lo que no puede hacerse efectivamente más que alterando así su

---

[135] O por una fracción de esta magnitud, pero poco importa, ya que esta fracción constituye entonces una unidad secundaria más pequeña, que sustituye a la primera en el caso donde la división por ésta no se hace exactamente, para obtener un resultado exacto o al menos más aproximado.

naturaleza para hacerla asimilable, por así decir, a la del número. Al contrario, el otro método respeta, tanto como es posible, el carácter propio del continuo, considerándole como una suma de elementos, no ya fijos y determinados, sino esencialmente variables y capaces de decrecer, en su variación, por debajo de toda magnitud asignable, y que permiten por eso mismo hacer variar la cantidad espacial entre límites tan próximos como se quiera, lo que es, teniendo en cuenta la naturaleza del número que a pesar de todo no puede ser cambiada, la representación menos imperfecta que se pueda dar de una variación continua.

Estas observaciones permiten comprender de una manera más precisa en qué sentido puede decirse, como lo hemos hecho al comienzo, que los límites de lo indefinido no pueden ser alcanzados nunca por un procedimiento analítico, o, en otros términos, que lo indefinido es, no inagotable absolutamente y de cualquier manera que sea, pero sí al menos inagotable analíticamente. Naturalmente, debemos considerar como analítico, a este respecto, el procedimiento que consistiría, para reconstruir un todo, en tomar sus elementos distinta y sucesivamente: tal es el procedimiento de formación de una suma aritmética, y es en eso, precisamente, en lo que la integración difiere esencialmente de ella. Esto es particularmente interesante desde nuestro punto de vista, ya que en eso se ve, por un ejemplo muy claro, lo que son las verdaderas relaciones del análisis y de la síntesis: contrariamente a la opinión corriente, según la cual el análisis sería en cierto modo preparatorio a la síntesis y conduciría a ésta, de suerte que sería siempre menester comenzar por el análisis, incluso cuando uno no entiende quedarse ahí, la verdad es que no se puede llegar nunca efectivamente a la síntesis partiendo del análisis; toda síntesis, en el verdadero sentido de esta palabra, es por así decir algo inmediato, que no es precedido de ningún análisis y que es enteramente independiente de él, como la integración es una operación que se efectúa de un solo golpe y que no presupone en modo alguno la consideración de elementos comparables a los de una suma aritmética; y, como esta suma aritmética no puede dar el medio de alcanzar y de agotar lo indefinido, hay, en todos los dominios, cosas que resisten por su naturaleza misma a todo análisis y cuyo conocimiento no es posible más que por la síntesis únicamente[136].

---

[136] Aquí y en lo que va a seguir, debe entenderse bien que tomamos los términos «análisis» y «síntesis» en su acepción verdadera y original, que es menester tener buen cuidado de distinguir de aquella, completamente diferente y bastante impropia, en la que se habla corrientemente del «análisis matemático», y según la cual la integración misma, a pesar de su carácter esencialmente sintético, es considerada como formando parte de lo que se llama el «análisis infinitesimal»; por lo demás, es por esta razón por lo que preferimos evitar el empleo de esta última expresión, y servirnos solo de las de «cálculo infinitesimal» y de «método infinitesimal», que al menos no podrían prestarse a ningún equívoco de este género.

CAPÍTULO XXII

Carácter sintético de la integración

Al contrario de la formación de una suma aritmética, que tiene, como acabamos de decirlo, un carácter propiamente analítico, la integración debe ser considerada como una operación esencialmente sintética, puesto que envuelve simultáneamente todos los elementos de la suma que se trata de calcular, conservando entre ellos la «indistinción» que conviene a las partes del continuo, desde que estas partes, a consecuencia de la naturaleza misma del continuo, no pueden ser algo fijo y determinado. Por lo demás, la misma «indistinción» debe mantenerse igualmente, aunque por una razón algo diferente, al respecto de los elementos discontinuos que forman una serie indefinida cuando se quiere calcular su suma, ya que, si la magnitud de cada uno de estos elementos se concibe entonces como determinada, su número no lo está, e incluso podemos decir más exactamente que su multitud rebasa todo número; y no obstante hay casos donde la suma de los elementos de una tal serie tiende hacia un cierto límite definido cuando su multitud crece indefinidamente. Aunque esta manera de hablar parezca quizás un poco extraña a primera vista, se podría decir que una tal serie discontinua es indefinida por «extrapolación», mientras que un conjunto continuo lo es por «interpolación»; lo que acabamos de decir con esto, es que, si se toma en una serie discontinua una porción comprendida entre dos términos cualesquiera, en eso no hay nada de indefinido, puesto que esta porción está determinada a la vez en su conjunto y en sus elementos, mientras que es al extenderse más allá de esta porción sin llegar nunca a un último término como esta serie es indefinida; al contrario, en un conjunto continuo, determinado como tal, es en el interior mismo de este conjunto donde lo indefinido se encuentra comprendido, porque los elementos no están determinados y porque, al ser el continuo siempre divisible, no hay últimos elementos; así, bajo esta relación, estos dos casos son en cierto modo inversos el uno del otro. La sumación de una serie numérica indefinida no se acabaría nunca si todos los términos debieran ser tomados uno a uno, puesto que no hay ningún último término en el que pueda terminar; así pues, en los casos donde una tal sumación es posible, no puede serlo más que por un procedimiento sintético, que, en cierto modo, nos hace aprehender de un solo golpe toda una indefinidad considerada en su conjunto, sin que eso presuponga en modo alguno la consideración distinta de sus elementos, que, por lo demás, es imposible por eso mismo de que son en multitud indefinida. Del mismo modo también, cuando una serie indefinida se nos da implícitamente por su ley de formación, como hemos visto un ejemplo de ello en el caso de la sucesión de los números enteros, podemos decir que se nos da así toda entera sintéticamente, y que no puede serlo de otro modo; en efecto, dar una tal serie analíticamente, sería dar distintamente todos sus términos, lo que es una imposibilidad.

Por consiguiente, cuando tengamos que considerar una indefinidad cualquiera, ya sea la de un conjunto continuo o la de una serie discontinua, será menester, en todos los casos, recurrir a una operación sintética para poder alcanzar sus límites; una progresión por grados sería aquí sin efecto y no podría hacernos llegar a ellos nunca, ya que una tal progresión no puede desembocar en un término final más que bajo la doble condición de que este término y el número de los grados a recorrer para alcanzarle sean uno y otro determinados. Por eso es por lo que no hemos dicho que los límites de lo indefinido no podían ser alcanzados de ninguna manera, imposibilidad que sería injustificable desde que esos límites existen, sino solamente que no pueden ser alcanzados analíticamente: una indefinidad no puede ser agotada por grados, pero puede ser comprendida en su conjunto por una de esas operaciones transcendentes de las que la integración nos proporciona el tipo en el orden matemático. Se puede destacar que la progresión por grados correspondería aquí a la variación misma de la cantidad, directamente en el caso de las series discontinuas, y, en lo que concierne al caso de una variación continua, siguiéndola por así decir en la medida en que lo permite la naturaleza discontinua del número; por el contrario, por una operación sintética, uno se coloca inmediatamente fuera y más allá de la variación, así como debe ser necesariamente, según lo que hemos dicho más atrás, para que el «paso al límite» pueda ser realizado efectivamente; en otros términos, el análisis no alcanza más que a las variables, tomadas en el curso mismo de su variación, y únicamente la síntesis alcanza sus límites, lo que es aquí el único resultado definitivo y realmente válido, puesto que es menester forzosamente, para que se pueda hablar de un resultado, desembocar en algo que se refiera exclusivamente a cantidades fijas y determinadas.

Por lo demás, entiéndase bien que se podría encontrar el análogo de estas operaciones sintéticas en otros dominios distintos que el de la cantidad, ya que está claro que la idea de un desarrollo indefinido de posibilidades es aplicable también a cualquier otra cosa además de la cantidad, por ejemplo a un estado cualquiera de existencia manifestada y a las condiciones, cualesquiera que sean, a las que ese estado está sometido, ya se considere en eso el conjunto cósmico en general o un ser particular, es decir, ya sea que uno se coloque en el punto de vista «macrocósmico» o en el punto de vista «microcósmico»[137]. Se podría decir que el «paso al límite» corresponde a la fijación definitiva de los resultados de la manifestación en el orden principial; en efecto, es solo por eso como el ser escapa finalmente al cambio o al «devenir», que es necesariamente inherente a toda manifestación como tal; y

---

[137] Sobre esta aplicación analógica de la noción de la integración, cf. *El Simbolismo de la Cruz*, cap. XVIII y XX.

se ve así que esta fijación no es de ninguna manera un «último término» del desarrollo de la manifestación, sino que se sitúa esencialmente fuera y más allá de este desarrollo, porque pertenece a otro orden de realidad, transcendente en relación a la manifestación y al «devenir»; así pues, la distinción del orden manifestado y del orden principial corresponde analógicamente, a este respecto, a la que hemos establecido entre el dominio de las cantidades variables y el de las cantidades fijas. Además, desde que se trata de cantidades fijas, es evidente que no podría ser introducida ninguna modificación en ellas por ninguna operación cualquiera que sea, y que, por consiguiente, el «paso al límite» no tiene como efecto producir alguna cosa en este dominio, sino solamente darnos su conocimiento; del mismo modo, puesto que el orden principial es inmutable, no se trata, para llegar a él, de «efectuar» algo que no existiría todavía, sino más bien de tomar efectivamente consciencia de lo que es, de una manera permanente y absoluta. Dado el tema de este estudio, hemos debido, naturalmente, considerar aquí más particularmente y ante todo lo que se refiere propiamente al dominio cuantitativo, en el que la idea del desarrollo de las posibilidades se traduce, como lo hemos visto, por una noción de variación, ya sea en el sentido de lo indefinidamente creciente, ya sea en el de lo indefinidamente decreciente; pero estas pocas indicaciones mostrarán que todas estas cosas son susceptibles de recibir, por una transposición analógica apropiada, un alcance incomparablemente más grande que el que parecen tener en sí mismas, puesto que, en virtud de una tal transposición, la integración y las demás operaciones del mismo género aparecen verdaderamente como un símbolo de la «realización» metafísica misma.

Con esto se ve toda la amplitud de la diferencia que existe entre la ciencia tradicional, que permite tales consideraciones, y la ciencia profana de los modernos; y, a este propósito, agregamos también otra precisión, que se refiere directamente a la distinción del conocimiento analítico y del conocimiento sintético: en efecto, la ciencia profana es esencial y exclusivamente analítica: no considera nunca los principios, y se pierde en el detalle de los fenómenos, cuya multiplicidad indefinida e indefinidamente cambiante es verdaderamente inagotable para ella, de suerte que no puede llegar nunca, en tanto que conocimiento, a ningún resultado real y definitivo; se queda únicamente en los fenómenos mismos, es decir, en las apariencias exteriores, y es incapaz de alcanzar el fondo de las cosas, así como Leibnitz se lo reprochaba ya al mecanicismo cartesiano. Por lo demás, esa es una de las razones por las que se explica el «agnosticismo» moderno, ya que, puesto que hay cosas que no pueden conocerse más que sintéticamente, quienquiera que no procede más que por el análisis es llevado, por eso mismo, a declararlas «incognoscibles», porque lo son en efecto de esa manera, del mismo modo que el que se queda en una visión analítica de lo indefinido puede creer que ese indefinido es absolutamente inagotable, mientras que, en realidad, no lo es más que analíticamente. Es cierto que el conocimiento sintético es esencialmente lo que se puede llamar un conocimiento «global», como lo es el de un conjunto continuo o el de una serie indefinida cuyos elementos no se dan y no pueden darse distintamente; pero, además de que eso es todo lo que importa verdaderamente en el fondo, siempre se puede, puesto que todo está contenido ahí en principio, redescender desde ahí a la consideración de tales cosas particulares como se quiera, del mismo modo que, si por ejemplo una serie indefinida está dada sintéticamente por el conocimiento de su ley de formación, siempre se puede, cuando hay lugar a ello, calcular en particular cualquiera de sus términos, mientras que, partiendo al contrario de esas mismas cosas particulares consideradas en sí mismas y en su detalle indefinido, uno no puede elevarse nunca a los principios; y es en eso en lo que, así como lo decíamos al comienzo, el punto de vista y la marcha de la ciencia tradicional son en cierto modo inversos de los de la ciencia profana, como la síntesis misma es inversa del análisis. Por lo demás, eso es una aplicación de la verdad evidente de que, si se puede sacar lo «menos» de lo «más», por el contrario, no se puede hacer salir nunca lo «más» de lo «menos»; sin embargo, esto es lo que pretende hacer la ciencia moderna, con sus concepciones mecanicistas y materialistas y su punto de vista exclusivamente cuantitativo; pero, es precisamente porque eso es una imposibilidad, por lo que, en realidad, es incapaz de dar la verdadera explicación de nada[138].

---

[138] Sobre este último punto, se podrán consultar también las consideraciones que hemos expuesto en *El Reino de la Cantidad y los Signos de los Tiempos*.

CAPÍTULO XXIII

Los argumentos de Zenón de Elea

Las consideraciones que preceden contienen implícitamente la solución de todas las dificultades del género de las que Zenón de Elea, por sus argumentos célebres, oponía a la posibilidad del movimiento, al menos en apariencia y a juzgar solo por la forma bajo la que esos argumentos son presentados habitualmente, ya que se puede dudar que tal haya sido en el fondo su verdadera significación. En efecto, es poco verosímil que Zenón haya tenido realmente la intención de negar el movimiento; lo que parece más probable, es que sólo haya querido probar la incompatibilidad de éste con la suposición, admitida concretamente por lo atomistas, de una multiplicidad real e irreductible existente en la naturaleza de las cosas. Así pues, es contra esa multiplicidad misma, así concebida, contra la que esos argumentos, en el origen, debían estar dirigidos en realidad; no decimos contra toda multiplicidad, ya que es evidente que la multiplicidad existe también en su orden, del mismo modo que el movimiento, que por lo demás, como todo cambio de cualquier género que sea, la supone necesariamente; pero, del mismo modo que el movimiento, en razón de su carácter de modificación transitoria y momentánea, no podría bastarse a sí mismo y no sería más que una pura ilusión si no se vinculara a un principio superior, transcendente en relación a él, tal como el «motor inmóvil» de Aristóteles, así también la multiplicidad sería verdaderamente inexistente si estuviera reducida a sí misma y si no procediera de la unidad, así como tenemos una imagen matemática de ello, según lo hemos visto, en la formación de la serie de los números. Además, la suposición de una multiplicidad irreductible excluye forzosamente todo lazo real entre los elementos de las cosas, y por consiguiente toda continuidad, ya que la continuidad no es más que un caso particular o una forma especial de un tal lazo; precisamente, como lo hemos ya dicho precedentemente, el atomismo implica necesariamente la discontinuidad de todas las cosas; es con esta discontinuidad con la que, en definitiva, el movimiento es realmente incompatible, y vamos a ver que es eso lo que muestran en efecto los argumentos de Zenón.

Se hace, por ejemplo, un razonamiento como éste: un móvil no podrá pasar nunca de una posición a otra, porque, entre esas dos posiciones, por próximas que estén, habrá siempre, se dice, una infinitud de otras posiciones que deberán ser recorridas sucesivamente en el curso del movimiento, y, cualquiera que sea el tiempo empleado para recorrerlas, esta infinitud no podrá ser agotada nunca. Ciertamente, aquí no podría tratarse de una infinitud como se dice, lo que realmente no tiene ningún sentido; pero por eso no es menos cierto que hay lugar a considerar, en todo intervalo, una indefinidad verdadera de posiciones del móvil, indefinidad que, en efecto, no puede ser agotada de esa manera analítica que consiste en ocuparlas distintamente una a una, como se tomarían uno a uno los términos de una serie discontinua. Únicamente, es esta concepción misma del movimiento la que es errónea, ya que equivale en suma a considerar el continuo como compuesto de puntos, o de últimos elementos indivisibles, lo mismo que en la concepción de los cuerpos como compuestos de átomos; y eso equivale a decir que en realidad no hay continuo, ya que, ya se trate de puntos o de átomos, estos últimos elementos no pueden ser más que discontinuos; por lo demás, es cierto que, sin continuidad, no habría movimiento posible, y eso es todo lo que este argumento prueba efectivamente. Ocurre lo mismo con el argumento de la flecha que vuela y que no obstante está inmóvil, porque, a cada instante, no se la ve más que en una sola posición, lo que equivale a suponer que cada posición, en sí misma, puede ser considerada como fija y determinada, y porque así las posiciones sucesivas forman una suerte de serie discontinua. Por lo demás, es menester destacar que no es verdad, de hecho, que un móvil se vea nunca así como ocupando una posición fija, y que incluso, antes al contrario, cuando el movimiento es bastante rápido, se llega a no ver ya distintamente el móvil mismo, sino solo una suerte de rastro de su desplazamiento continuo: así, por ejemplo, si se hace girar rápidamente un tizón encendido, ya no se ve la forma de ese tizón, sino sólo un círculo de fuego; por lo demás, ya se explique este hecho por la persistencia de las impresiones retinianas, como lo hacen los fisiólogos, o de cualquier otra manera que se quiera, eso importa poco, ya que por ello no es menos manifiesto que, en semejantes caso, se aprehende en cierto modo directamente y de una manera sensible la continuidad misma del movimiento. Además, cuando, al formular un tal argumento, se dice «a cada instante», con eso se supone que el tiempo está formado de una serie de instantes indivisibles, a cada uno de los cuales correspondería una posición determinada del móvil; pero, en realidad, el continuo temporal no está más compuesto de instantes que el continuo espacial de puntos, y, como ya lo hemos indicado, es menester la reunión o más bien la combinación de estas dos continuidades del tiempo y del espacio para dar cuenta de la posibilidad del movimiento.

Se dirá también que, para recorrer una cierta distancia, es menester recorrer primero la mitad de esta distancia, después la mitad de la otra mitad, después la mitad de lo que queda y así sucesiva e indefinidamente[139], de suerte que uno se encontrará siempre en presencia de una indefinidad que, considerada así, será en efecto inagotable. Otro argumento casi equivalente es éste: si se suponen dos móviles separados por una cierta distancia, uno de ellos, aunque vaya más rápido que el otro, no podrá alcanzarle nunca, ya que, cuando llegue al punto donde éste se encontraba, el otro estará en una

---

[139] Esto corresponde a los términos sucesivos de la serie indefinida $\frac{1}{1} + \frac{1}{2} + \frac{1}{4} + \frac{1}{8} + \cdots = 2$, dada en ejemplo por Leibnitz en un pasaje que hemos citado más atrás.

segunda posición, separada de la primera por una distancia menor que la distancia inicial; cuando llegue a esta segunda posición, el otro estará en una tercera, separada de la segunda por una distancia todavía menor, y así sucesiva e indefinidamente, de suerte que la distancia entre estos dos móviles, aunque decrezca siempre, no devendrá nunca nula. El defecto esencial de estos argumentos, así como el del precedente, consiste en que suponen que, para alcanzar un cierto término, todos los grados intermediarios deben ser recorridos distinta y sucesivamente. Ahora bien, una de dos: o el movimiento considerado es verdaderamente continuo, y entonces no puede ser descompuesto de esta manera, puesto que el continuo no tiene últimos elementos; o se compone de una sucesión discontinua, o que al menos puede ser considerada como tal, de intervalos de los que cada uno tiene una magnitud determinada, como los pasos de un hombre en marcha[140], y entonces la consideración de estos intervalos suprime evidentemente la de todas las posiciones intermediarias posibles, que no tienen que ser recorridas efectivamente como otras tantas etapas distintas. Además, en el primer caso, que es propiamente el de una variación continua, el término de esta variación, supuesto fijo por definición, no puede ser alcanzado en la variación misma, y

---

[140] En realidad, los movimientos de los que se compone la marcha son continuos como todo movimiento, pero los puntos donde el hombre toca el suelo forman una sucesión discontinua, de suerte que cada paso marca un intervalo determinado, y es así como la distancia recorrida puede ser descompuesta en tales intervalos, puesto que el suelo no es tocado en ningún punto intermedio.

el hecho de alcanzarle efectivamente exige la introducción de una heterogeneidad cualitativa, que constituye esta vez una verdadera discontinuidad, y que se traduce aquí por el paso del estado de movimiento al estado de reposo; esto nos conduce a la cuestión del «paso al límite», cuya verdadera noción debemos todavía acabar de precisar.

CAPÍTULO XXIV

Verdadera concepción del paso al límite

La consideración del «paso al límite», hemos dicho más atrás, es necesaria, si no a las aplicaciones prácticas del método infinitesimal, si al menos a su justificación teórica, y esta justificación es precisamente la única cosa que nos importa aquí, ya que las simples reglas prácticas de cálculo, que aciertan de una manera en cierto modo «empírica» y sin que se sepa muy bien por qué razón, no tienen evidentemente ningún interés desde nuestro punto de vista. Sin duda, para efectuar los cálculos e incluso para llevarlos hasta su término, no hay ninguna necesidad de plantearse la cuestión de saber si la variable alcanza su límite y cómo puede alcanzarle; pero, sin embargo, si no le alcanza, estos cálculos no tendrían nunca más valor que el de simples cálculos de aproximación. Es cierto que aquí se trata de una aproximación indefinida, puesto que la naturaleza misma de las cantidades infinitesimales permite hacer el error tan pequeño como se quiera, sin que por eso sea posible, no obstante, suprimirle enteramente, puesto que estas mismas cantidades infinitesimales, en su decrecimiento indefinido, no devienen nunca nulas. Se dirá quizás que, prácticamente, eso es el equivalente de un cálculo perfectamente riguroso; pero, además de que no es de eso de lo que se trata para nosotros, esa aproximación indefinida misma ¿puede guardar un sentido si, en los resultados en los que se debe desembocar, no han de considerarse ya variables, sino más bien únicamente cantidades fijas y determinadas? En estas condiciones, desde el punto de vista de los resultados, no se puede salir de esta alternativa: o no se alcanza el límite, y entonces el cálculo infinitesimal no es mas que el menos grosero de los métodos de aproximación; o sí se alcanza el límite, y entonces se trata de un método que es verdaderamente riguroso. Pero hemos visto que el límite, en razón de su definición misma, no puede ser alcanzado nunca exactamente por la variable; ¿cómo pues tendremos el derecho de decir que no obstante puede ser alcanzado? Puede serlo precisamente, no en el curso del cálculo, sino en los resultados, porque, en éstos, no deben figurar más que cantidades fijas y determinadas, como el límite mismo, y ya no variables; así pues, es la distinción de las cantidades variables y de las cantidades fijas, distinción por lo demás propiamente cualitativa, la que es, como ya lo hemos dicho, la única verdadera justificación del rigor del cálculo infinitesimal.

Así, lo repetimos todavía, el límite no puede ser alcanzado en la variación y como término de ésta; no es el último de los valores que debe tomar la variable, y la concepción de una variación continua que desemboca en un «último valor» o en un «último estado» sería tan incomprehensible y contradictoria como la de una serie indefinida que desemboca en un «último término», o como la de la división de un conjunto continuo que desemboca en «últimos elementos». Así pues, el límite no pertenece a la serie de los valores sucesivos de la variable; está fuera de esta serie, y es por eso por lo que hemos dicho que el «paso al límite» implica esencialmente una discontinuidad. Si fuera de otro modo, estaríamos en presencia de una indefinidad que podría ser agotada analíticamente, y eso es lo que no puede tener lugar; pero es aquí donde la distinción que hemos establecido a este respecto cobra toda su importancia, ya que nos encontramos en uno de los casos donde se trata de alcanzar, según la expresión que ya hemos empleado, los límites de una cierta indefinidad; así pues, no es sin razón que la misma palabra de «límite» se encuentra, con otra acepción más especial, en el caso particular que consideramos ahora. El límite de una variable debe limitar verdaderamente, en el sentido general de esta palabra, la indefinidad de los estados o de las modificaciones posibles que conlleva la definición de esta variable; y es justamente por eso por lo que es menester necesariamente que se encuentre fuera de lo que debe limitar así. No podría tratarse de ninguna manera de agotar esta indefinidad por el curso mismo de la variación que la constituye; de lo que se trata en realidad, es de pasar más allá del dominio de esta variación, dominio en el que el límite no se encuentra comprendido, y es este resultado el que se obtiene, no analíticamente y por grados, sino sintéticamente y de un solo golpe, de una manera en cierto modo «súbita» por la que se traduce la discontinuidad que se produce entonces, por el paso de las cantidades variables a las cantidades fijas[141].

El límite pertenece esencialmente al dominio de las cantidades fijas: es por eso por lo que el «paso al límite» exige lógicamente la consideración simultánea, en la cantidad, de dos modalidades diferentes, en cierto modo superpuestas; no es otra cosa entonces que el paso a la modalidad superior, en la que se realiza plenamente lo que, en la modalidad inferior, no existe más que en el estado de simple tendencia, y eso, para emplear la terminología aristotélica, es un verdadero paso de la potencia al acto, lo que ciertamente no tiene nada en común con la simple «compensación de errores» que consideraba Carnot. Por su definición misma, la noción matemática del límite implica un carácter de estabilidad y de equilibrio, carácter que es el de algo permanente y definitivo, y que, evidentemente, no puede ser realizado por las cantidades en tanto que se las considere, en la modalidad inferior, como esencialmente variables; así pues, no puede ser alcanzado nunca gradualmente, sino que lo es inmediatamente por el paso de una modalidad a la otra, que es el único que permite suprimir todas las etapas intermediarias, porque comprende y envuelve sintéticamente

---

[141] A propósito de este carácter «súbito» o «instantáneo», se podrá recordar aquí, a título de comparación con el orden de los fenómenos naturales, el ejemplo de la ruptura de una cuerda que hemos dado más atrás: esta ruptura es también el límite de la tensión, pero no es asimilable de ninguna manera a una tensión a cualquier grado que sea.

toda su indefinidad, y por el que lo que no era y no podría ser más que una tendencia en las variables se afirma y se fija en un resultado real y definido. De otro modo, el «paso al límite» sería siempre un ilogismo puro y simple, ya que es evidente que, en tanto que se permanezca en el dominio de las variables, no puede obtenerse esta fijeza que es lo propio del límite, donde las cantidades que eran consideradas precedentemente como variables han perdido precisamente ese carácter transitorio y contingente. El estado de las cantidades variables es, en efecto, un estado eminentemente transitorio y en cierto modo imperfecto, puesto que no es más que la expresión de un «devenir», cuya idea la hemos encontrado igualmente en el fondo de la noción de la indefinidad misma, que, por lo demás, está estrechamente ligada a ese estado de variación. Así el cálculo no puede ser perfecto, en el sentido de verdaderamente acabado, más que cuando ha llegado a resultados en los cuales ya no entra nada variable ni indefinido, sino sólo cantidades fijas y definidas; y ya que hemos visto como eso mismo es susceptible de aplicarse, por transposición analógica, más allá del orden cuantitativo, que ya no tiene entonces más que un valor de símbolo, y hasta en lo que concierne directamente a la «realización» metafísica del ser.

CAPÍTULO XXV

Conclusión

No hay necesidad de insistir sobre la importancia que las consideraciones que hemos expuesto en el curso de este estudio presentan desde el punto de vista propiamente matemático, puesto que aportan la solución de todas las dificultades que se han suscitado a propósito del método infinitesimal, ya sea en lo que concierne a su verdadera significación, o ya sea en lo que concierne a su rigor. La condición necesaria y suficiente para que pueda darse esta solución no es otra que la estricta aplicación de los verdaderos principios; pero son justamente los principios los que los matemáticos modernos, lo mismo que los demás sabios profanos, ignoran enteramente, y esta ignorancia es, en el fondo, la única razón de tantas discusiones que, en estas condiciones, pueden proseguirse indefinidamente sin desembocar nunca en ninguna conclusión válida, y que no hacen por el contrario más que embarullar más las cuestiones y multiplicar las confusiones, como la querella de los «finitistas» y de los «infinitistas» lo muestra con bastante claridad; no obstante, hubiera sido muy fácil cortar el asunto de raíz si se hubiera sabido plantear claramente, ante todo, la verdadera noción del Infinito metafísico y la distinción fundamental del Infinito y de lo indefinido. Leibnitz mismo, si bien tuvo al menos el mérito de abordar francamente algunas cuestiones, lo que no han hecho siquiera los que han venido después de él, frecuentemente no dijo sobre este tema más que cosas muy poco metafísicas, y a veces incluso casi tan claramente antimetafísicas como las especulaciones ordinarias de la generalidad de los filósofos modernos; así pues, es ya la misma falta de principios lo que le impidió responder a sus contradictores de una manera satisfactoria y en cierto modo definitiva, y la que, por eso mismo, abrió la puerta a todas las discusiones ulteriores. Sin duda, puede decirse con Carnot que, «si Leibnitz se ha equivocado, sería únicamente al albergar dudas sobre la exactitud de su propio análisis, si es que tuvo realmente estas dudas»[142]; pero, incluso si no las tenía en el fondo, tampoco podía en todo caso demostrar rigurosamente esta exactitud, porque su concepción de la continuidad, que no es ciertamente metafísica y ni siquiera lógica, le impedía hacer las distinciones necesarias a este respecto y, por consiguiente, formular la noción precisa del límite, que es, como lo hemos mostrado, de una importancia capital para el fundamento del método infinitesimal.

Así pues, se ve por todo eso de qué interés puede ser la consideración de los principios, incluso para una ciencia especial considerada en sí misma, y sin que uno se proponga

---

[142] *Réflexions sur la Métaphysique du Calcul infinitésimal*, p. 33.

ir, apoyándose en esta ciencia, más allá del dominio relativo y contingente al que ella se aplica de una manera inmediata; es eso, bien entendido, lo que desconocen totalmente los modernos, que, por su concepción profana de la ciencia, se jactan gustosamente de haber hecho a ésta independiente de la metafísica, e incluso de la teología[143], cuando la verdad es que con eso no han hecho más que privarla de todo valor real en tanto que conocimiento. Además, si se comprendiera la necesidad de vincular la ciencia a los principios, es evidente que desde entonces no habría ninguna razón para quedarse ahí, y que se sería conducido naturalmente a la concepción tradicional según la cual una ciencia particular, cualquiera que sea, vale menos por lo que es en sí misma que por la posibilidad de servirse de ella como un «soporte» para elevarse a un conocimiento de orden superior[144]. Hemos querido dar aquí precisamente, por un ejemplo característico, una idea de lo que sería posible hacer, en algunos casos al menos, para restituir a una ciencia, mutilada y deformada por las concepciones profanas, su valor y su alcance reales, a la vez desde el punto de vista del conocimiento relativo que

---

[143] Recordamos haber visto en alguna parte a un «cientificista» contemporáneo indignarse de que, por ejemplo, en la edad media, se haya podido encontrar un medio de hablar de la Trinidad a propósito de la geometría del triángulo; por lo demás, probablemente no sospechaba que ello es todavía así actualmente en el simbolismo del Compañerazgo.

[144] Ver por ejemplo a este respecto, sobre el aspecto esotérico e iniciático de las «artes liberales» en la edad media, *El Esoterismo de Dante*, pp. 10-15, ed. francesa.

representa directamente y desde el del conocimiento superior al que es susceptible de conducir por transposición analógica; se ha podido ver concretamente lo que es posible sacar, bajo este último aspecto, de nociones como las de la integración y del «paso al límite». Por lo demás, es menester decir que las matemáticas, más que cualquier otra ciencia, proporcionan así un simbolismo muy particularmente apto para la expresión de las verdades metafísicas, en la medida en la que éstas son expresables, así como pueden darse cuenta de ello aquellos que hayan leído algunas de nuestras precedentes obras; es por eso por lo que este simbolismo matemático es de un uso tan frecuente, ya sea desde el punto de vista tradicional en general, ya sea desde el punto de vista iniciático en particular[145]. Únicamente, para que ello pueda ser así, entiéndase bien que es menester ante todo que estas ciencias sean limpiadas de los errores y de las confusiones múltiples que han sido introducidos en ellas por las opiniones falsas de los modernos, y seríamos felices si el presente trabajo pudiera contribuir, de alguna manera al menos, a ese resultado.

---

[145] Sobre las razones de este valor especial que a este respecto tiene el simbolismo matemático, tanto numérico como geométrico, se podrán ver concretamente las explicaciones que hemos dado en *El Reino de la Cantidad y los Signos de los Tiempos*.

Otros libros de René Guénon

Omnia Veritas Ltd presenta:

RENÉ GUÉNON

EL ERROR ESPIRITISTA

En nuestra época hay muchas otras "contraverdades" que es bueno combatir...

Entre todas las doctrinas "neoespiritualistas", el espiritismo es ciertamente la más extendida

OMNIA VERITAS LTD PRESENTA:

RENÉ GUÉNON

EL REINO DE LA CANTIDAD Y LOS SIGNOS DE LOS TIEMPOS

« Porque todo lo que existe de alguna manera, incluso el error, necesariamente tiene su razón de ser »

... y el desorden en sí mismo debe encontrar su lugar entre los elementos del orden universal

Omnia Veritas Ltd presenta:

RENÉ GUÉNON

APERCEPCIONES SOBRE LA INICIACIÓN

«A menudo nos concentramos en los errores y confusiones que se hacen sobre la iniciación...»

Somos conscientes del grado de degeneración al que ha llegado el Occidente moderno ...

OMNIA VERITAS LTD PRESENTA:
RENÉ GUÉNON
EL TEOSOFISMO
HISTORIA DE UNA SEUDORELIGIÓN

"Nuestra meta, decía entonces Mme Blavatsky, no es restaurar el hinduismo, sino barrer al cristianismo de la faz de la tierra"

El término teosofía sirvió como una denominación común para una variedad de doctrinas

Omnia Veritas Ltd presenta:
RENÉ GUÉNON
INICIACIÓN
Y
REALIZACIÓN ESPIRITUAL

« Necedad e ignorancia pueden reunirse en suma bajo el nombre común de incomprensión »

La gente es como un "reservorio" donde el cual se puede disparar todo, lo mejor y lo peor

OMNIA VERITAS LTD PRESENTA:
RENÉ GUÉNON
INTRODUCCIÓN GENERAL
AL ESTUDIO DE
LAS DOCTRINAS HINDÚES

« Muchas dificultades se oponen, en Occidente, a un estudio serio y profundo de las doctrinas orientales »

... este último elemento que ninguna erudición jamás permitirá penetrar

Omnia Veritas Ltd presenta:

RENÉ GUÉNON

APERCEPCIONES SOBRE LA INICIACIÓN

«A menudo nos concentramos en los errores y confusiones que se hacen sobre la iniciación...»

Somos conscientes del grado de degeneración al que ha llegado el Occidente moderno ...

Ⓞmnia Veritas

Omnia Veritas Ltd presenta:

RENÉ GUÉNON

LA GRAN TRÍADA

«En todo ternario tradicional, cualesquiera que sea, se quiere encontrar un equivalente más o menos exacto de la Trinidad cristiana»

se trata muy evidentemente de un conjunto de tres aspectos divinos

Ⓞmnia Veritas

Omnia Veritas Ltd presenta:

RENÉ GUÉNON

LOS ESTADOS MÚLTIPLES DEL SER

«Según la significación etimológica del término que le designa, el Infinito es lo que no tiene límites»

La noción del Infinito metafísico en sus relaciones con la Posibilidad universal

OMNIA VERITAS

Omnia Veritas Ltd presenta:

RENÉ GUÉNON

ESTUDIOS SOBRE LA FRANCMASONERIA Y EL COMPAÑERAZGO

«Entre los símbolos usados en la Edad Media, además de aquellos de los cuales los Masones modernos han conservado el recuerdo aun no comprendiendo ya apenas su significado, hay muchos otros de los que ellos no tienen la menor idea.»

la distinción entre "Masonería operativa" y "Masonería especulativa"

OMNIA VERITAS

OMNIA VERITAS LTD PRESENTA:

RENÉ GUÉNON

SÍMBOLOS DE LA CIENCIA SAGRADA

«Este desarrollo material ha sido acompañado de una regresión intelectual, que ese desarrollo es harto incapaz de compensar»

¿Qué importa la verdad en un mundo cuyas aspiraciones son únicamente materiales y sentimentales?

OMNIA VERITAS

OMNIA VERITAS LTD PRESENTA:

RENÉ GUÉNON
APRECIACIONES SOBRE EL ESOTERISMO CRISTIANO

«Este cambio convirtió al cristianismo en una religión en el verdadero sentido de la palabra y una forma tradicional...»

Las verdades esotéricas estaban fuera del alcance del mayor número...

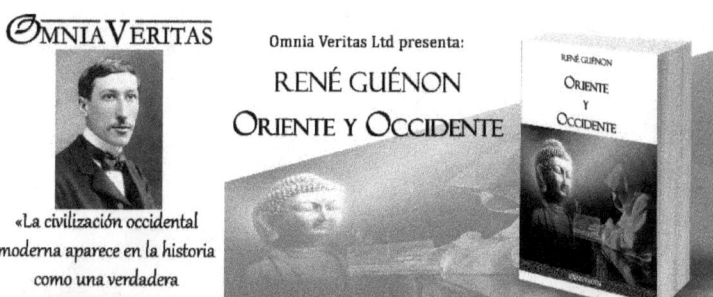

www.omnia-veritas.com

www.ingramcontent.com/pod-product-compliance
Lightning Source LLC
Chambersburg PA
CBHW070741160426
43192CB00009B/1534